U0247204
含章
新实用
阅读图文之美 / 优享健康生活

玫瑰花月季花图鉴

日本主妇之友社　编著　梁　玥　译

江苏凤凰科学技术出版社 · 南京

图书在版编目（CIP）数据

玫瑰花月季花图鉴 / 日本主妇之友社编著；梁玥译
．—南京：江苏凤凰科学技术出版社，2022.2
ISBN 978-7-5713-2571-8

Ⅰ．①玫… Ⅱ．①日… ②梁… Ⅲ．①玫瑰花－图集
②月季－图集 Ⅳ．① S685.12-64

中国版本图书馆 CIP 数据核字 (2021) 第 250512 号

玫瑰花月季花图鉴

编　　著　日本主妇之友社
译　　者　梁　玥
责任编辑　祝　萍
责任校对　仲　敏
责任监制　方　晨

出版发行　江苏凤凰科学技术出版社
出版社地址　南京市湖南路 1 号 A 楼，邮编：210009
出版社网址　http://www.pspress.cn
印　　刷　北京博海升彩色印刷有限公司

开　　本　718 mm × 1 000 mm　1/16
印　　张　11.5
字　　数　280 000
版　　次　2022 年 2 月第 1 版
印　　次　2022 年 2 月第 1 次印刷

标准书号　ISBN 978-7-5713-2571-8
定　　价　45.00 元

目录

阅读导航

本书大致分 6 个版块来介绍。

* 本书中的花朵写真精准地捕捉到了每个品种的特征，但是根据其各自的种植环境不同，即使是同一品种的蔷薇，在花朵直径、颜色上也会有所差异。

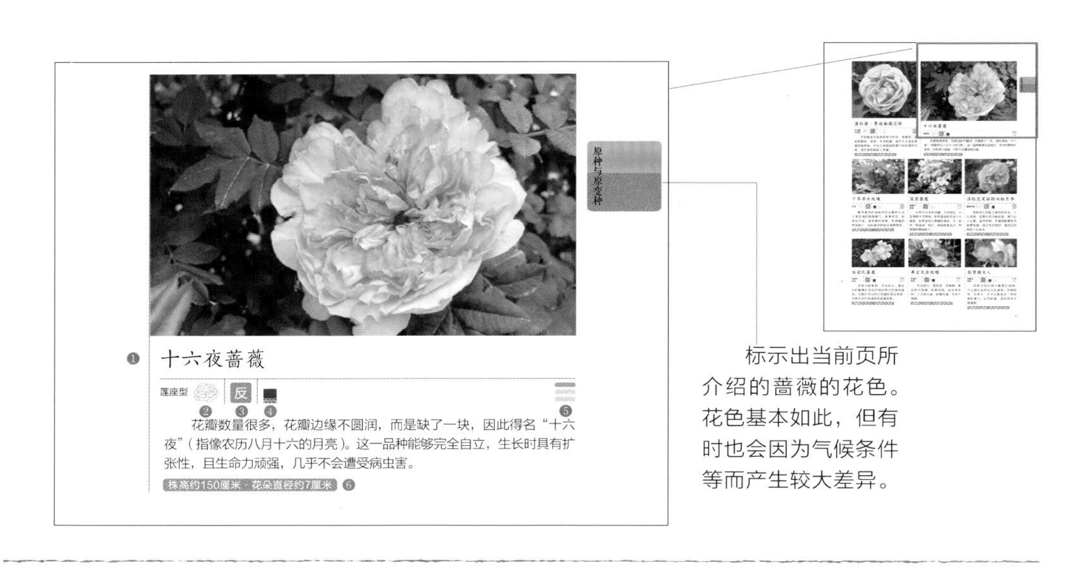

❶ 花名

本书中所采用的蔷薇名称是在中国为人熟知的名称。

❷ 花型

花型标示。其中也有标示着 2 种以上花型的品种，这是由于一部分品种会因气候条件不同而改变花型，或是花型随着开放产生变化。

❸ 花期

花期标示分为以下 4 种：一季开花、四季开花、反季开花、多次开花。

一季开花——每年仅在春季开一次花。

四季开花——除冬季以外的春季至秋季，有规律地隔一段时间开一次花。

反季开花——指植株在春季开过一次花以后，还会不规律地再次开花的特性。

多次开花——比反季开花多，到了秋季也有大量花朵开放。

❹ 用途

根据各个蔷薇品种的生长特性，用图形符号标示出其适合的用途。

花坛——植株较矮小，基本不需要人工牵引。

花篱——植株较高大且具有攀缘性，适合装饰花篱或植物攀爬架。

墙壁——植株高大且攀缘性强，能够覆盖建筑物等的外墙面。

花门——植株较高大且具有攀缘性，适合装饰家用小花门。

花塔——植株较高大且具有攀缘性，适合装饰花塔或花柱。

盆栽——植株较矮小，用花盆就足以养好。

❺ 花香

对于花香的感知人各有别，花的香气也会随着时间段和气候而有所变化。一般说来，与傍晚相比，在低温、潮湿的早晨闻到的花香会更浓一些。

浓香　中香　微香

❻ 株高和攀缘、花朵直径

株高和攀缘——灌木性蔷薇用“株高”来标示，藤蔓性蔷薇用“可攀缘”来标示，高度超过 200 厘米的半蔓性蔷薇用“可攀缘”来标示。

花朵直径——书中标示的是八分开时的花朵直径，不过根据栽培环境不同会有些许差异。

蔷薇栽培的基本知识

看透蔷薇的“个性”，抓住栽培时机

有不少人觉得蔷薇很难栽培，所以知难而退。也许他们将蔷薇栽培看作“蔷薇道”（就像茶道、花道一样），认为只有不断修行才能达到至高境界。

然而，蔷薇其实是一种在世界范围内被广泛栽培、对环境适应性很强的植物。此外，它的品种非常多，不论哪个品种都独具个性。只要你找到自己会养的品种，就等于拿到了蔷薇乐园的“入场券”。

请你将自己对蔷薇的要求列举出来。对于花色及花香、花期的喜好就不必说了，还要根据是否符合栽培条件来进行严格筛选，比如：“我想种植对栽培场所不挑剔的袖珍型蔷薇”“我觉得耐高温的品种比较好”“我想在寒冷地区栽培”“我想种成花门”“我想要抗病性强的品种”等。你一定能够找到易于自己栽培的蔷薇品种。

不论哪种植物都有其适当的栽培管理期，如果在此时期之外进行种植，反而会降低植物的生长能力。好不容易买到了优质蔷薇花苗，如果弄错了施肥时机与施肥量，就有可能开不出花来。因此，栽培者有必要牢记蔷薇栽培的基础知识。

1 蔷薇的苗木

蔷薇花苗（日本产）通常在 8~10 月进行嫁接。

早春时，市面上售卖的“新苗”是刚进行过嫁接的小苗，要等到第二年才能开花。半年后，新苗就能茁壮生长。

秋冬上市的“大苗”是嫁接后生长约 1 年的苗木，次年春天就能开花。由于贩卖时正值其休眠期，所以苗木都是经过修剪的。

将大苗栽在花盆中的蔷薇苗木叫作“盆栽花苗”。在盛花期，市面上售卖最多的就是这种，一年四季都可以买到。

新苗

在种植时要十分小心，不要弄断刚嫁接好的新芽。

大苗

请选择枝茎粗壮的花苗。还有一个窍门就是要选择带有许多侧根的花苗。

盆栽花苗

购买盆栽花苗时能够直观地确认花与叶的状态，进而判断花苗根部的状态。

2 关于花盆

赤陶花盆

赤陶花盆种类丰富，既有质朴款，也有高级款。它的通气性佳，但也有笨重、易碎的缺点。

塑料花盆

塑料花盆虽然轻便，但缺点就是透气性不好。不过种在侧面带有切口的“开口花盆”中的蔷薇，由于透气性较好，因此蔷薇根部的伸展状态佳，不会出现根在花盆内转圈生长（盘根）的情况。

3 关于土壤

土壤

在栽培蔷薇时，理想的土壤就是“保水性”与“保肥性”俱佳，“排水性”与“透气性”良好，即土壤颗粒黏结成土块，且土壤颗粒间留有适度孔隙的土壤。具有“团粒结构”、质地松软的土壤就是好土。

如果是在庭院里种植蔷薇，则可在土壤中混入大量堆肥与干牛粪、干马粪、泥炭土等有机物质，将土壤充分翻耕后再进行栽培。

堆肥

堆肥是常用的改良土质的材料，对提高土壤的保水性与保肥性十分有效。不过，使用腐熟度不达标的堆肥会导致蔷薇植株根部受损。要注意避免使用原料尚未腐解或散发恶臭气味的堆肥，尽可能使用腐熟良好的堆肥。

干牛粪与干马粪是动物性原料堆肥，与其说是肥料，倒不如说是改良土质的材料。由于牛粪本身就含有盐分，所以要选择腐熟度好、去除了盐分的堆肥。

泥炭土对改善土壤的排水性及保水性、透气性十分有效。根据其产地与腐熟度不同，泥炭土的品质也良莠不齐，因此要尽可能选择含有较长植物纤维的泥炭土。

使用市面上销售的培养土在花盆中种植时，也可以加入堆肥等改良土质。

4 关于种植场所

为了使蔷薇的植株茁壮生长，开出更美的花朵，关键的一点是要选择光照充足、通风良好的场所进行栽培。不仅是蔷薇，所有的植物都是如此。

光照

最好是种植在能保证光照时间超过半天的场所，如果满足不了，至少也要种植在上午能晒 3~4 个小时太阳的地方。

通风

良好的通风也是关键点之一。如果植株四周草木密集、不通风，湿气就会很重，植株就会变得孱弱，其结果就是病虫害多发。另一方面，要是种植在强风口，植株又会易干燥，叶与茎易摩擦受损。

如果使用花盆栽培，一定要避免将花盆直接放置在反射率高的水泥地面上，因为这样会使植株的根部被灼伤。可以用竹片或砖块等将花盆垫高，形成一条通风道。

5 蔷薇花苗的扦插方法

地栽

首先挖好一个直径为 50 厘米、深度为 50 厘米左右的坑。先把土刨出来，然后在坑底放入大约 0.01 立方米的堆肥及牛粪、泥炭土等，将其充分和匀。然后将土填回坑中，再插苗。

如果是大苗，就要注意使其分散的根部牢牢插入土中，并且一定要使其接穗部分露在土外。将植株周围的土堆成多纳圈状，使浇灌的水不易流失（像水盆一样），再浇透水。接下来立一根木棍作支柱，固定花苗。要使土壤经常处于湿润状态，直至大苗扎牢根，这一点非常关键。

新苗与盆栽花苗的地栽方法同上。先备好土坑，然后将花苗从盆中取出，随后种到土坑中。

6 关于肥料

元肥

蔷薇是一种需要大量优质营养成分的植物。因此尤为重要的一点就是在扦插时及冬季和夏季施以“元肥”。所谓“施元肥”，即刨开距植株根部 30 厘米左右处的土，埋入缓效有机肥。

植物在生长时所必需的营养成分有 3 种：氮、磷酸、钾。氮主要促进叶与茎的生长，磷酸促进花与果实的生长，钾促进根部的发育。如果用于蔷薇，这 3 种成分的比例最好维持在 1 ：2 ：1。肥料大致分为 3 种：从动植物中提炼出来的油渣肥与骨粉肥等有机肥；化学合成的无机肥；含有 3 种营养成分中至少 2 种的复混肥。有机肥见效慢，但是肥效长。而另一方面，复混肥既有缓效的种类，也有速效的种类。请掌握好这 2 种肥料的特性，“因花施肥”。

油渣肥

复混肥

有机复合肥

礼肥

如果是四季开花的蔷薇，就一定要在每年的 6 月与 11 月施“礼肥”。施礼肥的时机不是在刚开花时，而是在花全部盛开后。这时施肥最有效。方法是将粒状的有机肥埋入植株周围的土壤中。

发芽肥

从 3 月发芽至开花这一时期要施发芽肥。速效复混肥与液肥也是不错的选择。

将复混肥与有机肥混合在一起制成的“有机复合肥”也很值得推荐，它的肥效长、效力稳定，因此可以定期施。

7 病虫害

防治病虫害最关键的一点就是规范种植用土及种植场所等栽培环境，这样就不易发生病虫害。

黑星病

“黑星病”是最为棘手的病害，病株叶子上会生出黑斑，最终叶片会全部凋落。在除冬季以外的季节发病。其成因在于土壤中的真菌随雨水等溅起并附着在叶片上，因此可使用稻草秸秆等覆盖植株周围的土地，这样可在一定程度上预防黑星病。

白粉病

“白粉病”就是在新芽、嫩叶、花梗部分出现好像覆盖着白色粉末一般的症状。植株受病害的部分会萎缩，发育不良。这种病害多发于昼夜温差过大的春秋季节。要注意修剪多余的枝条并保持良好的通风，勤剪枯叶与开败后的花朵。蔷薇中既有容易得白粉病的品种，也有抗病性较强的品种，因此在挑选品种的阶段就要考虑周全，这一点很重要。

蚜虫

蚜虫出现在早春时节，它们群集在新芽及花苞最柔软的部分，吸取树液。其排泄出的液体会导致煤污病，除此之外，还会传播锈病。蚜虫可以用手摘除，但在虫害严重时喷洒农药更为有效。蚜虫的天敌是瓢虫、蜉蝣及食蚜蝇的幼虫等。

月季叶蜂

月季叶蜂的成虫体长约 2 厘米，身体为黑色，腹部为橘色。它会将尾部刺针刺入新芽的茎中产卵。孵化出的幼虫会以迅猛之势将植株的嫩叶全部蛀食光。如果发现已被产卵的枝条，一定要尽快剪除。

天牛

天牛对蔷薇来说是危害最大的害虫。其幼虫别称“锯树郎”，会从植株根部钻入，将木质部蛀食一空。这时幼虫会将如同木屑一般的粪便从钻入的洞眼处排出，因此一旦发现虫粪，就要仔细寻找洞眼，然后用金属丝等物插入洞眼，消灭天牛的幼虫。此外，将农药注入洞眼也十分有效。

介壳虫

介壳虫的体表覆盖着一层白色蜡状物质，这种害虫附着在植株茎部吸取树液。它容易在弱苗上繁殖，使其发育不良。可以用废弃的牙刷等将它刷除。

农药

关于在蔷薇上喷洒农药这件事，大概每个人都有不同的想法。如果想好要打农药，就得提前做好准备，比如，弄清器具的使用方法及喷洒农药的方法等，还要严格遵守农药的用法和用量。

现在也有越来越多的人希望使用天然的园艺材料进行无农药蔷薇栽培。有人将“木醋液”或“大蒜精华液”等充当农药来使用，据说它们对病虫害有时能起到一些效果，但由于制作方法不规范，所以成分并不统一。即使是成分天然的农药，其中也有些成分对人体是有害的，请在清楚了解之后再根据自己的判断来使用。

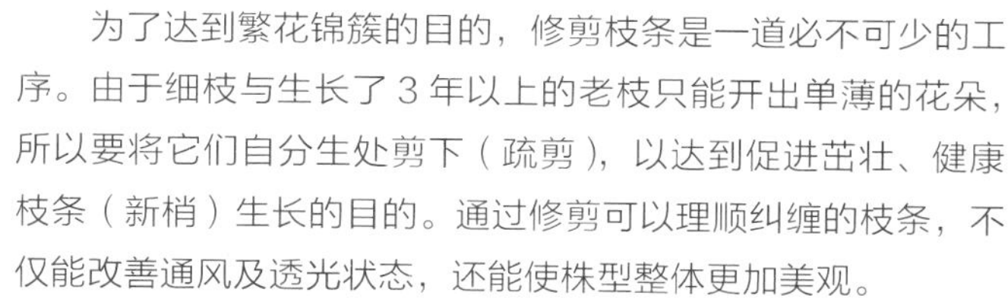

8 修剪

为了达到繁花锦簇的目的，修剪枝条是一道必不可少的工序。由于细枝与生长了 3 年以上的老枝只能开出单薄的花朵，所以要将它们自分生处剪下（疏剪），以达到促进茁壮、健康枝条（新梢）生长的目的。通过修剪可以理顺纠缠的枝条，不仅能改善通风及透光状态，还能使株型整体更加美观。

你可以一边想象你希望蔷薇长到多高，一边截短枝条（短截），要在距离你选好的向外生长的剪口芽上方 7~8 毫米处斜着向上（有芽那一方为上）剪断。

在当年 12 月 ~ 次年 2 月进行冬季修剪时，要果断进行强剪工作。如果是花朵硕大的杂交茶香月季，那就几乎要剪掉整株的一半；如果是成簇开放的丰花月季，则要剪掉大约 1/3。在 9 月进行秋季修剪，稍作修剪即可。这个时期的植株处于生长期，因此不宜强剪，否则会对植株造成很大损伤。

9 浇水

在春、夏、秋 3 季，每天都要浇透水。尤其是在高温的夏季，要大量浇水。

如果是盆栽花苗，基本上土表一干就要浇透。

如果是地栽花苗，在梅雨期及多雨的 9 月基本上不用浇水，但在冬季休眠期，土壤非常干燥，因此要常浇水。注意尽量在中午以前浇水。

可以用稻草秸秆或椰棕制成的垫子等覆盖植株根部，这样不仅能防止土壤干燥，还能预防溅起的泥点等导致病虫害发生。

持续浇水会使土壤容易结块，因此，最好时不时地松一松植株根旁的土。

花型

蔷薇花型有多种名称。一般分为6~11 种，但不同的花型与其名称分类并不精确。

部分蔷薇花型从绽放至开败是有变化的，因此在本书的品种信息中加注了这些变化，比如“由 ×× 型变为 ×× 型”。生长情况不同，花型也会产生变化，因此实际的花型并不一定与图鉴中的一模一样。

深杯型

外侧花瓣向内紧密地包裹住内侧花瓣的花形叫作杯型。其中呈深杯状的花型被称为深杯型。

开杯型

在杯型中，开杯型花瓣也是向内包裹的，但能够看见中央的花蕊。

浅杯型

花瓣呈浅杯状开放的花形。

莲座型

许多花瓣重叠在一起，呈圆形放射状开放的花形。

四分莲座型

在莲座型的花型中，中央的花瓣看起来分为 4 份的花形。

单瓣型

花瓣一般有 5 片，在同一层平面内开放。也叫作平展型。

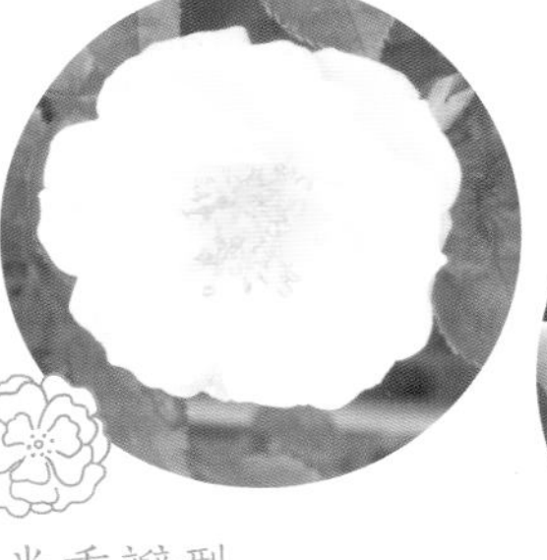

半重瓣型

花瓣数量在 6~25 片，直至花朵盛开时才能看到中央的花蕊。

剑瓣高芯型

外侧的花瓣边翻卷，形成像剑一样尖锐的形状。中心部分突出。这种花型给人一种轮廓分明的印象，在现代月季中很常见。

半剑瓣型

虽然这种花型的中心部分突出，但花瓣翻卷得没有那么厉害。形状较为圆润，给人的印象比剑瓣型要柔和。

绒球型

小小的花瓣密集地连在一起，花型圆润饱满。

圆瓣环抱型

花瓣圆润，外侧花瓣边不翻卷，环抱着中心开放。

分类

据说现在全球正式登记名称的蔷薇品种约有 2 万种，但是它们的分类方式尚未统一。如果大致区分一下，可以分为 3 类：原种与原变种、古典玫瑰、现代月季。

原种与原变种

- 原生种蔷薇——原种，人们认为它是现代蔷薇的祖先。

古典玫瑰

- 白玫瑰——花色为浅色，叶子带有青色。
- 波旁玫瑰——花朵硕大且多花。
- 波尔索月季——花期早，无刺。
- 百叶蔷薇——花瓣数量多。
- 中国月季——被当作四季开花性月季的亲本。
- 大马士革玫瑰——十分馥郁，常用作香料。
- 法国蔷薇——花色多为深紫红色系，一季开花性。
- 杂交长春月季——花朵硕大，被视为杂交茶香月季的祖先。
- 苔蔷薇——在花梗及花萼处密生腺毛。
- 诺伊斯氏蔷薇——花朵娇小，花色多为浅色。
- 波特兰玫瑰——多为反季开花性。
- 香水月季——被视为灌木性四季开花月季品种的祖先。

现代月季

- 英国月季——由英国人大卫·奥斯汀培育出的品种群。
- 丰花月季——花朵大小适中，四季开花性。
- 杂交茶香月季——花朵硕大，四季开花性。
- 微型月季——花朵娇小，植株整体都很矮小。
- 多花蔷薇——花朵娇小，成簇开放。
- 蔓性蔷薇——呈藤蔓性，一季开花性。
- 小灌木性月季——呈半蔓性。
- 杂交麝香月季——多花，四季开花性明显。
- 藤本（攀缘）月季——呈藤蔓性，细分为很多种。

原种与原变种

原种与原变种

原种与原变种蔷薇富有魅力的基因

据考证，在欧洲、亚洲、北美大陆的山野中，至少曾生长着 150 种蔷薇原种。

这些生长在野外的蔷薇的花朵既美丽又馥郁，自然得到了人们的青睐，它们被制作成香料及入药，随着人类文化的变迁而不断衍化。

在欧洲，人们是在古希腊罗马时期开始广泛种植蔷薇的，那时种的是香气浓郁的圆瓣杯型与四分莲座型蔷薇。而在古老的中国山野里则生长着香气淡雅的单瓣型蔷薇与四季开花性蔷薇。

这些纯粹的原种不断进行自然杂交，诞生了无数原变种的蔷薇品种，它们具有各种各样令人瞩目的特性，如“灌木性”“四季开花性”“茶香”“剑瓣高芯花型”等。

因为有刺，所以被称为“茨”

在古时的日本，蔷薇的汉字写作“茨”。这个字意指带刺的矮树。

日本野生蔷薇

在被称为原种及原变种的蔷薇中，野蔷薇、光叶蔷薇和玫瑰这 3 种是日本野生种。

野蔷薇

品种：原种蔷薇
产地：日本（冲绳除外）、朝鲜半岛、中国
日本名：野茨
可攀缘：约 350 厘米
花朵直径：约 2.5 厘米

花朵娇小、白色、单瓣。作为杂交的亲本，它被赋予了现代蔷薇成簇开放的特性，是非常重要的原种。植株可以作为砧木。（参考 21 页）

蔷薇的所有园艺品种都源自这 9 种

目前蔷薇的园艺品种超过 2 万种，但是据考证，它们的祖先仅有 9 种（参考图片），都是原种。整个亚洲都有，尤其是中国西部的蔷薇具有四季开花、高芯花型等特性；日本野蔷薇具有成簇开放等特性。现代蔷薇很好地继承了上述优点。

野蔷薇

广泛分布于日本、朝鲜半岛、中国北部，别称“野茨”“野原”等。具有成簇开放的特性，是改良蔷薇的基础品种，是现在的多花蔷薇、丰花月季的祖先。其植株一直以来也被广泛用作栽培品种的砧木。

法国蔷薇

分布于欧洲中、西部至西亚，具有典型的蔷薇花香，香气浓郁。人们早在公元前就开始栽培法国蔷薇与腓尼基蔷薇的杂交品种大马士革玫瑰（突厥蔷薇）。gallica 这一名称源于古代西欧地区名“高卢”。

迷你庚申月季

原产于中国。由庚申月季变异而培育出的品种，植株低矮，是微型月季的祖先。

大马士革玫瑰
（突厥蔷薇）

据说在 16 世纪传入欧洲，还有一个更为可靠的说法，说它早在公元前就被带到了欧洲。具有典型的大马士革玫瑰的香气。

异味蔷薇

分布于西亚干燥的丘陵地带，花色为黄色。是现代杂交月季中黄色月季的祖先。

麝香蔷薇

广泛分布于喜马拉雅山脉至小亚细亚、地中海沿岸地区。具有独特香气——麝香，与麝香月季和诺伊斯氏蔷薇有亲缘关系。多花，花色为白色。

巨花蔷薇

分布于中国西南部的云南省至缅甸。它赋予了现代月季剑瓣花型及茶香的特性。

庚申月季

分布于中国西南部。是具有四季开花性的基础品种，与欧洲的法国蔷薇杂交后才培育出现在的四季开花性大花月季。

光叶蔷薇

广泛分布于日本的本州、四国、九州，朝鲜半岛和中国。19 世纪末被引入法国、美国，改良后成为现在的蔓性蔷薇的基础品种。

原种与原变种

春晨

单瓣型

花瓣为粉色，花蕊为鹅黄色。花期早，从上一年枝条的叶腋处抽出短枝开花。兼具耐寒性、抗病性，粗壮的蔓状枝条能够攀缘至很高的地方。

可攀缘约400厘米·花朵直径约8厘米

内山蔷薇

单瓣平展型

白色花瓣的边缘染有粉色，花蕊为黄色。花期早，花朵单生或成小簇开放。秋季会结椭圆形果实，亦为半蔓性，形态美观，充满日本风情。

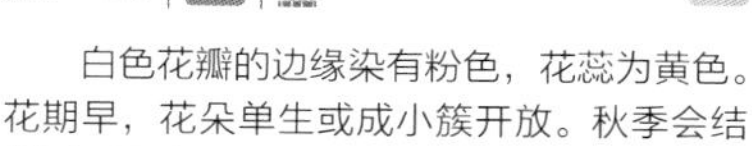

可攀缘约350厘米·花朵直径约3.5厘米

锈红蔷薇

单瓣平展型

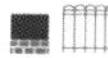

叶片会散发出清爽的苹果香气。秋季会结出硕大、饱满的椭圆形果实。有横向蔓延的特性，且刺尖锐，因此在种植时要确保有足够的空间。夏季需要警惕叶蜱的侵害。

可攀缘约300厘米·花朵直径约3厘米

流苏蔷薇

重瓣型

花朵秀美，花瓣边缘呈锯齿状，叶片的颜色也很漂亮。枝条挺拔、粗壮，可以自立。树形十分美观，但由于其生长时具有扩张性，所以需要进行一定的修剪。抗病性及耐寒性强。

可攀缘约250厘米·花朵直径约4.5厘米

重瓣缫丝花

重瓣型

它是“单瓣缫丝花”的重瓣品种，花瓣呈渐变的粉色，十分美丽。枝条上有皮刺，能生长得很高，且不易遭受病虫害。

可攀缘约350厘米·花朵直径约8厘米

亮叶蔷薇

单瓣平展型

它是北美的野生品种，枝条上覆盖着柔软的刺。果实很多，叶片变红后也十分美观，具有观赏价值。植株的扩张性不强，也不易遭受病虫害，易栽培。

株高约150厘米·花朵直径约3厘米

大革马夫人

单瓣型

外观偏玫瑰，具有植株横向蔓延再向上攀缘、叶脉呈褶皱状等特性。虽然其本身比较茁壮，但在梅雨季节之后一定要警惕叶蜱的侵害。可持续开放至秋季，结出的果实又红又大。

株高约100厘米·花朵直径约8厘米

四季花园

莲座型

随着花朵的开放，淡粉色的花瓣会逐渐褪色，有时可见纽扣心（花朵中心的小花瓣密集地连在一起，呈纽扣状）。多花，春季以后也会反季开花。枝条横向蔓延，可以牵引做成花篱等，也可以盆栽。

可攀缘约250厘米·花朵直径约7厘米

康拉德・费迪南德迈耶

半剑瓣环抱型  

花型随着开放逐渐变为杯状，重瓣多。易染黑星病、多刺、长势旺盛，虽然不太适合普通家庭种植，但由于其馥郁的香气和优雅的外观，现在受到很多人喜爱。

可攀缘约350厘米・花朵直径约8厘米

十六夜蔷薇

莲座型 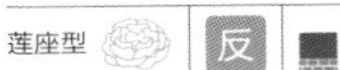 

花瓣数量很多，花瓣边缘不圆润，而是缺了一块，因此得名“十六夜”（指像农历八月十六的月亮）。这一品种能够完全自立，生长时具有扩张性，且生命力顽强，几乎不会遭受病虫害。

株高约150厘米・花朵直径约7厘米

干草香水玫瑰

杯型  

略带紫色的深粉色花朵具有大马士革玫瑰的馥郁香气，春季多花，秋季也开放。枝条硬而多刺，有很强的攀缘能力，因此最好种植在墙壁等旁。

可攀缘约300厘米・花朵直径约8厘米

筑紫蔷薇

单瓣平展型  

分布于日本的四国、九州地区，以及朝鲜半岛等地。粉色晕染的花朵十分雅致，秋季会结大量圆形果实。与一般的“野蔷薇”相比，其植株更高大，有很强的攀缘能力。

可攀缘约400厘米・花朵直径约3厘米

莎拉范芙丽特双粉月季

圆瓣杯型  

亮粉色大花配上黄色的花蕊，十分美丽。反季开花次数较多，香气沁人心脾。虽然多刺，但是其耐寒性与耐暑性强，自立性也很好，强剪后的株型十分端正。

可攀缘约300厘米・花朵直径约8厘米

伍兹氏蔷薇

单瓣平展型 

花色为粉紫色，花朵较大，是生长时略具扩张性但很好养活的原种蔷薇。花败后结出的红色圆形果实很美，可用于制作玫瑰果茶或蛋糕等。

可攀缘约350厘米・花朵直径约9厘米

弗吉尼亚玫瑰

单瓣平展型 

花朵硕大、呈粉色，花期晚，果实多而饱满。如果地栽，会长成高树。少见病虫害，耐寒性强，生命力顽强。

可攀缘约250厘米・花朵直径约5厘米

彭赞斯夫人

单瓣平展型   

花色为玫红色中略带红铜色，中心部分及花蕊为乳黄色。花期较早，花量大，叶子会散发出一种好闻的香气。长势旺盛，适合用来点缀墙壁。

可攀缘约300厘米・花朵直径约3厘米

单瓣缫丝花

单瓣平展型

叶片小而密，似花椒叶，因此在日本得名“花椒蔷薇”。原生于日本的富士、箱根地区。植株高大，单花，待开花需要数年，但抗病性强，生命力顽强。

可攀缘约400厘米 · 花朵直径约8厘米

紫叶蔷薇

单瓣平展型 

这一品种以略带灰色的叶片而闻名，花色为深粉色，花朵零星开放。植株矮小，呈丛状，秋季会结橘黄色果实。别称“粉叶蔷薇”。

株高约150厘米·花朵直径约3.5厘米

深山蔷薇

单瓣平展型  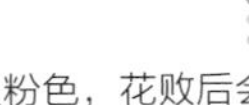

花朵中等大小，呈粉色，花败后会迅速结出细长的果实，在秋季成熟后变红。别称“桦太野蔷薇”，是生长在寒冷地区的原种蔷薇。其以椭圆形叶片及纤细的红褐色枝条为特征，会长成小型灌木。

株高约150厘米·花朵直径约5厘米

西北蔷薇

单瓣平展型 反

花瓣宽大，呈粉色，花蕊也十分显眼。会结大量硕大的日式酒壶形果实，是具有特色的原种蔷薇。原生于中国四川省，长势旺盛。

可攀缘约250厘米·花朵直径约4.5厘米

穆斯林重瓣白

半重瓣平展型 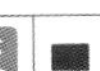  反

外瓣宽大，内瓣稍小、平展，香气怡人，是玫瑰的杂交品种。直立性树形与带有褶皱的叶片等与玫瑰很相似，但其植株要稍高一些。秋季可赏黄叶。

可攀缘约200厘米·花朵直径约8厘米

彭赞斯君主

单瓣平展型  

淡粉色的花瓣略带黄色，配上淡黄色的花蕊，惹人怜爱。单花，植株的生命力旺盛，能长得很高大。花期早，叶片带有好闻的香气。

可攀缘约250厘米·花朵直径约3厘米

爱尔兰蔷薇

单瓣平展型  

花朵为粉色单瓣型，花量大，鲜艳的绿叶也十分惹人喜爱，秋季可观赏到很美的果实。少见病虫害，枝条纤细，适合庭院栽培与盆栽。

株高约180厘米·花朵直径约3.5厘米

银粉蔷薇

绒球型   

花朵娇小，呈爆发式成簇开花，中心处的细长花瓣与将其包裹住的外瓣构成了独特的花形。枝条纤细、少刺，从主干长出的分枝向四周扩张生长。

可攀缘约250厘米·花朵直径约2.5厘米

海棠蔷薇

半重瓣型   反  

花色呈澄净的粉色，是早开品种。别称为“苹果蔷薇”，因其硕大的果实压弯枝头而得名。为直立性植株，能够自立，长高后分枝。

可攀缘约300厘米·花朵直径约8厘米

穆丽根尼蔷薇

单瓣平展型  一 

花朵呈圆锥状，成簇开放，花量多，盛开时宛如带有白花的纱屏一般。长势旺盛，大量枝条向水平方向生长，攀缘能力强。秋季可赏累累硕果。

可攀缘约1000厘米 · 花朵直径约3厘米

筑紫蔷薇（白色单瓣）

单瓣平展型  一 

它是“筑紫蔷薇”的白花品种，其特性与筑紫蔷薇大致相同，枝条上无刺。攀缘能力强，适合利用墙面等进行牵引。秋季可赏果实。

可攀缘约350厘米 · 花朵直径约3厘米

覆雪幽径

杯型  多 

花朵大小适中，花色为接近透明的淡粉紫色。香气怡人，一年中多次开花。抗病性强，生命力顽强，易栽培。

株高约150厘米 · 花朵直径约8厘米

巨花蔷薇

单瓣剑瓣型  一 

这一品种的花朵具有剑瓣花形及茶香的特性。攀缘能力强，花朵稀疏，因此不太适合在室内种植。其植株生命力顽强，喜好温暖的气候，果实硕大。

可攀缘约400厘米 · 花朵直径约9厘米

矮雪白

半重瓣型  反  

小朵白花成簇开放，黄色花蕊十分引人注目。一年多次开花，秋季花败后可赏果实。植株呈藤蔓状，但不会攀缘过高，因此也适合盆栽。耐寒性强。

可攀缘约200厘米 · 花朵直径约5厘米

白木香

重瓣型 一 

小朵花成簇开放，花量很多，开放时间很长，花期早。少见病害。无刺，进行牵引时应凸显其下垂的枝条，尽可能保持天然树形，可种植在庭院中供观赏。

可攀缘约400厘米 · 花朵直径约2.5厘米

新地岛

杯型 反 

它是“康拉德 · 费迪南德迈耶”的枝变异品种，象牙色花朵朝中心处渐变为粉色。香气怡人，植株生命力强，耐寒性、耐暑性俱佳，易栽培。

可攀缘约350厘米 · 花朵直径约8厘米

白色尼贝鲁兹

单瓣平展型  反 

纯白色的单瓣花瓣与黄色花蕊相映成趣。其外形与白花单瓣玫瑰相似，但花蕊要比其纤细，瓣质更为单薄。春夏时节断断续续地开花，结出的果实硕大、饱满。

可攀缘约200厘米 · 花朵直径约8厘米

卯果蔷薇

半重瓣平展型 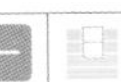

大量的白色小花成簇开放，花瓣根部略带黄色，枝条发黑，独特而美丽。其植株为藤蔓性，长有钩刺，生命力强，即使在背阴处也能茁壮生长。

可攀缘约400厘米·花朵直径约2.5厘米

常绿蔷薇

单瓣平展型 

清爽的白花成簇开放，枝条下垂，呈藤蔓状，沿地面攀爬生长，可以用来制作花篱或装饰墙面。叶片不易遭受病虫害，秋季可观赏椭圆形的果实。

可攀缘约600厘米·花朵直径约2.5厘米

阿尔巴中国月季

重瓣型  

花色雅致，花苞透红，开始绽放后花瓣边缘呈粉色。枝条上密密麻麻地开满花，可当作藤本月季来种植，十分美观。这一品种在日本被称为“白长春”，栽培历史十分悠久。

可攀缘约400厘米·花朵直径约7厘米

野蔷薇

单瓣平展型  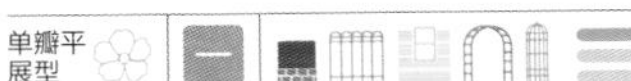 

日本全国各地都有，是十分重要的野生品种，具有明显的成簇开放特性。植株生命力强，不易遭受黑星病等病害，即使不喷农药也能茁壮生长。秋季可结大量果实。

可攀缘约350厘米·花朵直径约2.5厘米

大花密刺蔷薇

单瓣平展型  

其花朵在原种蔷薇中算是较为硕大的，从初春时节就开始开放，可结黑红色果实。纤细的枝条上长有细刺，植株呈半直立性，可自立，可攀缘约 2.5 米。耐寒性、抗病性俱佳。

可攀缘约250厘米·花朵直径约4.5厘米

麝香蔷薇

单瓣平展型 

花朵为小朵白花，特征是花瓣根部会收缩变细，花量很多。既有反季开花的品种，也有一季开花的品种。常被用于杂交，衍生了不少品种。

可攀缘约400厘米·花朵直径约3厘米

竹叶蔷薇

单瓣平展型 

它是花朵最小的原种蔷薇，外形与一般蔷薇大相径庭，是日本野蔷薇的同类。其枝条纤细、扩张性强，叶片也像柳叶一般细长，带有白色斑点。根据气候条件的不同，花瓣有时会变为淡粉色。

可攀缘约250厘米·花朵直径约1厘米

密刺蔷薇“双白”

半重瓣平展型 

这种蔷薇是“密刺蔷薇”的重瓣型品种，它开出的小圆花朵在初春会开满枝头。植株上多细刺，整体要比密刺蔷薇雅致。叶片变红后也很美。

株高约180厘米·花朵直径约3厘米

金太阳

莲座型 反

这一品种为培育黄色系杂交茶香月季做出了很大的贡献。花量很多，植株呈半藤蔓状，有尖刺。易受黑星病侵害，因此需要喷洒农药。 可攀缘约250厘米 · 花朵直径约6.5厘米

叶脉玫瑰

重瓣型 一

其花朵在淡黄色中略带些琥珀色，中心处的颜色稍深一些。植株呈直立性，多分枝，攀缘性强，不宜种植于狭窄的场所。花期早，香气怡人。在半背阴处也可种植。 可攀缘约300厘米 · 花朵直径约7.5厘米

绿萼

重瓣型 四

别称“绿绣球”，花如其名，是珍稀的绿色品种。花期长，秋季略带红色。它是四季开花的灌木性品种，适合与其他品种混种在花坛中。可通过修剪来维护。

株高约120厘米 · 花朵直径约3厘米

黄色大革马

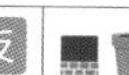

重瓣型 反

花朵为淡黄色，过了春季也时常开花。枝条多刺，恣意向旁边扩张，与同属黄色系的“叶脉玫瑰”相比更为矮小。抗病性强。别称“黄玉宝石”。

株高约150厘米 · 花朵直径约8厘米

黄蔷薇

单瓣平展型 一

花朵为带琥珀色的淡黄色，是最早开放的品种之一。新长出的枝条下垂，但最后能像树木一样自立。少见病害，叶片为深绿色。

可攀缘约200厘米 · 花朵直径约3厘米

波斯黄

重瓣型 一

就杂交的月季品种来说，波斯黄是非常重要的品种，它给现代月季带来了黄色的基因，别称“波斯异味蔷薇”，日本名为“金司香”。呈直立性树形，枝条纤细、多刺。要注意预防湿气与黑星病。

可攀缘约250厘米 · 花朵直径约6厘米

黄木香

重瓣型 一

黄色小花成簇开放，花量很多，花期长且早。少见病害。无刺，枝条下垂，可牵引做造型。如果条件允许，最好种植在庭院里。

可攀缘约400厘米 · 花朵直径约2.5厘米

雪山蔷薇

单瓣平展型 一

绚丽的玫红色在原种蔷薇中十分少见，将黄色花蕊衬托得更加鲜艳。少刺，植株呈半蔓性，长势旺盛，枝条从植株根部长出，呈直立状。秋季可结红色果实，观赏价值高。

可攀缘约300厘米·花朵直径约3厘米

奥地利铜蔷薇

单瓣平展型 一

花瓣表面是朱红色，背面是黄色，十分罕见。花期早，在原种蔷薇中花朵较硕大。原产于干燥的中东地区，因此不适宜在过湿的环境中种植，要注意树势，还要注意预防黑星病，比较适合对蔷薇栽培有经验的人种植。

可攀缘约250厘米·花朵直径约6厘米

红色歌络棠

莲座型 反

花瓣独具特色，像康乃馨一般边缘呈齿状，艳丽的红色富有魅力。不易遭受病虫害，花期长。不论是种植在花坛里还是花盆里，都需要仔细修剪树形。

可攀缘约500厘米·花朵直径约3.5厘米

莱依城蔷薇园

莲座型 反

花色为鲜艳的深粉色，香气怡人，反季开花次数多。很好地保留了玫瑰的特性，在寒冷地区也能茁壮生长。多刺，生长时呈扩张态势，长势旺盛。须注意预防叶蜱。

可攀缘约250厘米·花朵直径约7厘米

红色奈莉

单瓣型 一

黄色花蕊被紫红色花瓣包围，显得格外鲜艳。会在上一年长出的枝条上密集地开满花。在蔷薇中花期最早，树势一般，因此在冬季修剪时剪除枯枝与细枝即可。

株高约150厘米·花朵直径约5厘米

华西蔷薇

单瓣平展型 一

该花为罕见的红色原种蔷薇，深红色花瓣与金色花蕊交相辉映。植株较高，呈直立状，很适合种植在庭院中。

可攀缘约300厘米·花朵直径约3厘米

灌木性庚申月季

重瓣型 四

庚申月季是四季开花性蔷薇的“祖先”，这一品种也是庚申月季中最基本的品种之一。玫红色花瓣的外瓣边缘稍向外翻卷，常用于装饰花坛或制作成花门等。

株高100~200厘米·花朵直径约4.5厘米

日本蔷薇年表

小风真理子

这种美丽的花从何时开始被命名为“蔷薇”？

在古代日本，人们将生长在山野中的多刺矮树称为“茨”。有这样一种说法，公元 7 世纪时，中亚曾用 vala 这个词表示蔷薇，这就是“茨”一词的语源，而中亚也是蔷薇的原产地。也许贯穿欧亚大陆东西的丝绸之路不仅用于运输丝绸、宝石等商品，也是运输蔷薇的“蔷薇之路”。

野蔷薇

原生于日本（冲绳除外）、朝鲜半岛、中国。

□以“宇万良”“棘原”的名字出现在《万叶集》中

□蔷，即野蔷薇。出现在《文华秀丽集》中淳和天皇的诗中

□“今朝初窥蔷薇颜，真可谓好花易败。”纪贯之在《古今和歌集》中如此吟咏蔷薇

□《感殿前蔷薇，一绝东宫》。菅原道真在《菅家文章》中有如此吟咏蔷薇的诗

710 年　　794年

奈良　　平安

□“彷被蔷薇枸橘刺扎，归卧家中”，以“棘”的名字出现在《伊势物语》中

□“营实，宇波良乃实”指蔷薇的果实

和歌中的日本古代野蔷薇

日本最古老的蔷薇和歌出自《万叶集》。

这首和歌就是《宇万良》，吟咏的是日本古代的野蔷薇。“道旁豆缠蔷薇枝头，如君惜别之情，而我将远行”，其作者是防人（士兵）。这是一首哀婉的和歌，大意是：“你对我依依不舍，就像是路边缠绕着蔷薇生长的豆藤一般，但我只能将你弃于身后。”

野蔷薇果实

在平安时代，人们与蔷薇初相遇

从日本定都京都开始是贵族政治的鼎盛时期。在这一时期，宣扬日本人审美意识的国风文化十分盛行。

大部分蔷薇的故乡都在中亚与中国地区，或许是遣唐使们将它们带回了日本，古代日本将汉语“蔷薇”音译为 soubi。紫式部与清少纳言等日本女作家十分喜爱蔷薇，将它们画了下来。

黄蔷薇

据说中国自古以来就有黄色的蔷薇。

镰仓时代的四季开花性月季——“长春”

在镰仓时代，供于佛前的纸花中就有蔷薇，在春日大社的绘卷物《春日权现验记绘》中出现了古老的红色蔷薇绘画。在藤原定家的日记《明月记》中有记载，说植于亭中的“长春”（庚申月季）在冬季绽放的情形十分稀奇。这比欧洲人知道庚申月季的时间要早得多。

室町时代绽放的蔷薇

初夏时节有蔷薇宴，人们或扦插蔷薇，或将其牵引至垣篱上。据说，在大德寺的石庭中就曾摆放着种有蔷薇的石头，装饰屏风、花鸟画及汉诗中也出现了蔷薇，这些都是当时的贵族与禅僧等上流社会人士的玩物。

石庭中的蔷薇

“我在京都大德寺的石庭中看到了蔷薇。”传教士、葡萄牙人弗罗伊斯这样说道。京都大德寺的石庭中种植着种类繁多的蔷薇和其他花草，每个季节都能观赏到不同的花，蔷薇的品种是四季开花的“长春”。石庭中栽有树木花草本来就令人感到意外，不过在日本的战国时代，龙安寺的庭院中也种有垂樱，丰臣秀吉还颁布了法令，禁止人们砍伐寺庙庭院中种植的树木。

樱草蔷薇

樱草蔷薇（内山蔷薇）被认为是庚申月季的一种。

金樱子

金樱子（难波蔷薇）是在日本西部地区生长的野生蔷薇。

与蔷薇的邂逅

织田信长十分欢迎来自葡萄牙的“南蛮文化”。高山右近及其父建造的优雅的西式庭院内种满了“远道而来”的蔷薇，据说在有马晴信的藩城中曾有“数千朵蔷薇”的隔扇绘。在祈祷时使用的念珠链叫作rosário，其原意是“蔷薇花冠”。在这个时代，武士与平民邂逅了蔷薇。

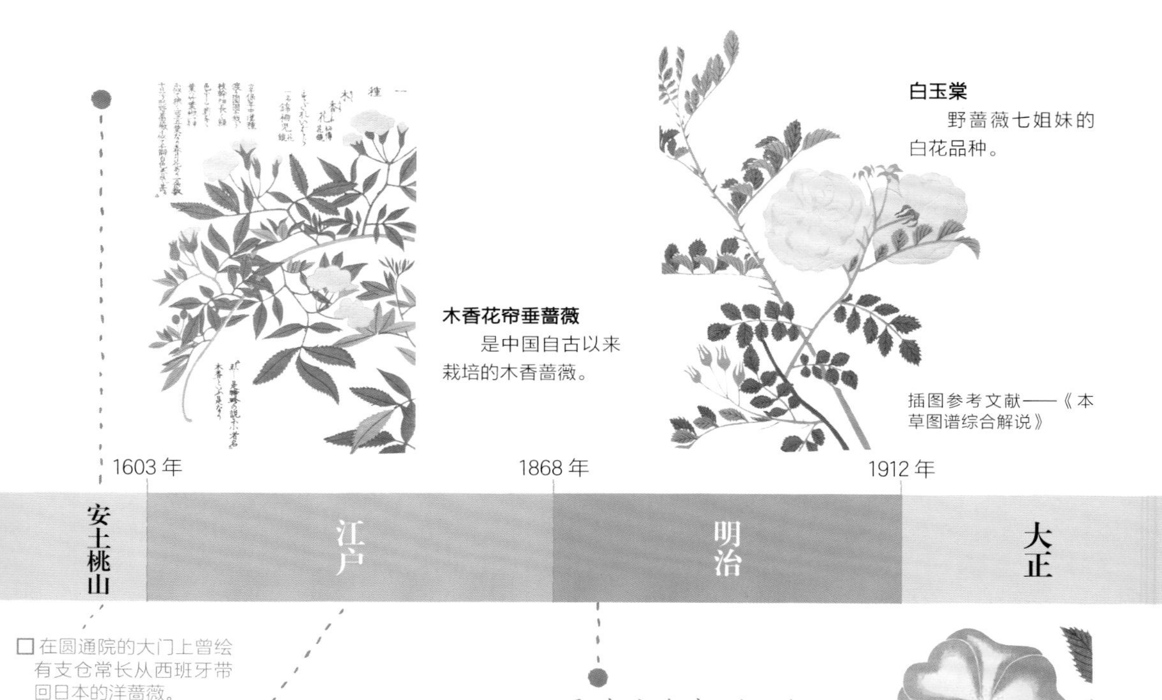

木香花帘垂蔷薇
是中国自古以来栽培的木香蔷薇。

白玉棠
野蔷薇七姐妹的白花品种。

插图参考文献——《本草图谱综合解说》

在圆通院的大门上曾绘有支仓常长从西班牙带回日本的洋蔷薇。

江户时代的蔷薇

江户时代正值日本“闭关锁国”，从出岛（日本当时唯一的外贸地）窥见的西方世界令人兴奋雀跃。

当时在民间也开始流行园艺潮。木香蔷薇、金樱子从中国传入日本，随之培育出日本的樱草蔷薇和野蔷薇七姐妹。

德国医生、博物学家西博尔德将日本北方的蔷薇品种——玫瑰带回了西方。

野蔷薇七姐妹
原产于中国的园艺品种。

漂洋过海来到日本的明治洋蔷薇

在这个时代，夏目漱石在伦敦害着思乡病，而莫奈与梵高正如痴如醉地迷恋着日本文化。

大量欧洲蔷薇在这时来到了推行“文明开化运动”的日本。西乡隆盛十分向往香气醉人的现代月季“法兰西”；樋口一叶寻访玫瑰园；病榻上的正冈子规将幽思寄予种在庭院中的蔷薇，写下了“啤酒苦，葡萄酒涩，蔷薇的花朵”的俳句。蔷薇在精心培育下，架起了日本与世界沟通的桥梁。

小风真理子，日本史研究者，亦十分热爱园艺。以邂逅“艾伯丁”月季为契机迷上蔷薇，自己种植着 40 多种蔷薇。

古典玫瑰

种植古典玫瑰的 1 年

1月	2月	3月	4月	5月	6月	7月	8月	9月	10月	11月	12月
休眠											休眠
				开花		二次 / 三次开花（四季开花品种）			开花（秋季开花品种）		
冬季施底肥		施发芽肥			施礼肥						冬季施底肥
修剪与牵引（藤蔓性品种）											
	冬季修剪				剪花		清理过于繁茂的枝条				

蔷薇不是只在春季才开花，有些蔷薇品种在春季过后也会再开花。因此，在花开放后不要忘记施礼肥。

古典玫瑰

香气扑鼻的古典玫瑰装点着庭院

蔷薇育种已经有上千年的历史。从古欧时代开始，人们就将这种植物种植在庭院里，其中包括野生品种。蔷薇甜美馥郁，柔软的花瓣层层叠叠，姿态优雅。

古典玫瑰是不具有四季开花性的月季（也有四季开花的中国月季和香水月季）的总称，树形与特性各异，大部分可以当作藤本月季的同类来种植。其中也有枝条较少、矮小的天然树形品种，适合在小花园种植，还可以用作多种装饰，如小型花门及植物攀爬架、花篱等。

一季开花的品种有法国蔷薇及白玫瑰、苔蔷薇、百叶蔷薇等叶片纤细、优美的品种，还有许多花量多的品种。

红衣主教黎塞留

品种：法国蔷薇
产地：法国
可攀缘：约 300 厘米
花朵直径：约 5 厘米

名花，花色从深紫红色向蓝紫色过渡，十分艳丽。几乎无刺，盛开时宛如花海，姿态优美。（参考 35 页）

法国蔷薇（可入药）

原生于法国南部的法国蔷薇自古以来就被法国人用作药材。蔷薇的花香对女性的身心都有很强的舒缓作用。

变色蔷薇

有些蔷薇品种的花瓣颜色会随着花朵不同的开放程度发生变化，这是花青素的生物合成产生的影响。中国月季中的变色月季（左图）在刚开花时是奶油色，但随后会随机变成淡橙红色至深粉色。

香气四溢的生活让身心每天都得到放松

蓬田胜之

利用蔷薇花香让身心得到放松的芳香疗法

大部分现代月季中都含有茶香月季的芳香因子。这一芳香因子十分清新，带有香水月季典型的香气。据研究发现，它的镇静效果是可助眠和缓解精神紧张的薰衣草精油及佛手柑精油的 4~5 倍，在其他花草中也尚未发现比茶香月季中芳香因子的镇静效果更高的香型。

蔷薇品种不同，所含的这种芳香因子也不同，几乎在所有用于制作香水的天然精油中都不含这种芳香因子，可以说它是新鲜蔷薇独有的成分。

在地球上大约有 40 万种香型，即使是一般人也有能力通过嗅觉分辨出 2 000~4 000 种。狗的嗅觉灵敏是公认的，它能通过嗅觉分辨出的香型在 1 000 种左右，这样就能看出，嗅觉充满无数未知的可能。

而使嗅觉充分发挥作用的就是芳香疗法。所谓芳香疗法，就是通过闻香来缓解压力，调节人体的自主神经系统，产生令人放松的效果等。茶香月季中芳香因子的香气能够舒缓 PMS（经前期综合征）与更年期障碍等导致的人体激素水平紊乱，有助于平复情绪。最近有研究报告称，它还有一定的抗抑郁作用。

现在我们已经知道，即使不使劲闻，蔷薇的香气也能传递到脑神经，因此，哪怕只是在客厅或卧室里摆上 1 枝蔷薇，也能产生令人身心得到放松的效果。

世界首次将蔷薇的香型分为 7 种

在分析了 1 000 多种蔷薇之后，结果显示，蔷薇的香型可分为 7 种，所有的蔷薇香型都由这 7 种中的某一种或某几种组合而成。而现代蔷薇继承了古代蔷薇的香气遗传因子，衍生出更为复杂、浓厚的香气。

在香气中浮现的回忆——嗅觉促进大脑活性化

很多人有过这种经历：在闻到某种香气时突然回想起过去。这是因为香气与记忆有紧密的关联。嗅觉不同于人体的其他感官，在闻到香气时，它会直接作用于大脑边缘，在辨认出是哪种香气前首先发起联想——是喜欢的还是讨厌的，是好闻的还是不好闻的。因此，人们认为嗅觉是最原始的感官，是最本能的感觉。相反，研究也证实，如果一个人罹患痴呆症，最先失去的就是对于香气的感知。

如果方法得当，人的嗅觉是可以越用越灵敏的，因此，即便在日常生活中也要感知风雨、草木的气味等，有助于促进大脑的活性化。

蓬田胜之，蔷薇香气研究者、香料化学家，是世界首位将现代蔷薇香型分为 7 种的香料分析专家。他在 1965 年进入资生堂研究所，从事花香的香料分析研究工作。在 2005 年辞去这份工作后，成为 NPO（非盈利组织）蔷薇文化研究所理事。2010 年就任蓬田蔷薇香调研究所株式会社的董事及研究所所长。著有《蔷薇的香水社》等书。

● 大马士革古典香型

具有浓郁的甜香，令人回味无穷，是古典型的蔷薇香。

● 大马士革现代香型

继承了大马士革古典香型的特点，香气充满热情而又高雅。

● 茶香型

在现代月季中最为常见，是高雅的主流香型。

● 水果香型

这种香型令人联想起桃子与杏等水果。

● 蓝香型

大马士革现代香型与茶香型的芳香成分混合在一起的独特香型。

● 辛辣型

像公丁香一般辛辣，是一种既浓郁又温暖的香型。

● 没药香型

令人联想到青草的气息，香气类似于香料中的茴香的香气。

邂逅古典玫瑰

今井秀治

我为园艺杂志拍摄花朵写真至今已有 25 年。

最初，我只是拍摄刊登在杂志上的四季花朵，但不知从何时起，我逐渐迷上了拍摄蔷薇。

20 世纪 90 年代，日本的“花园潮”来袭，人们开始青睐英式庭院和蔷薇园。已故的藤本月季专家村田晴夫精心打造的庭院广受喜爱。每到蔷薇盛开的季节，我都会造访他的庭院去拍摄蔷薇。也许就是从那时开始，我对蔷薇的热爱之情变得一发不可收。

有一天，我去了高木绚子老师家中的庭院拍摄园艺杂志的照片，她 50 年来不断钻研蔷薇栽培技术，是一位蔷薇达人，被称为“高木夫人”。

高木绚子老师的庭院位于东京武藏野的住宅区，十分宽阔，一到每年的 5 月就飘溢着蔷薇的香气。藤本月季缠绕在花篱、墙壁和藤架上，庭院的中央种植着色彩缤纷的杂交茶香月

穆丽根尼蔷薇

季，在庭院尽头则打造有古典玫瑰专区。

那天我的拍摄目标是杂交茶香月季，然而我一举起相机就会不自觉地对准古典玫瑰。这是我第一次看到它们，它们就像小小的“仙子”。

“蒙特贝罗公爵夫人”“拿破仑的帽子”两旁种着“约瑟芬皇后”“玛丽路易斯”等。各种古典玫瑰争奇斗艳，这其中使我一下着迷的便是“伊希斯女神”。

它那柔嫩的粉色花瓣似乎在闪闪发光，中心部分则晕染着淡淡的黄色，在直径 8 厘米左右的精致花朵旁，包裹着可爱的瓣状萼的花苞正含苞待放，就连那淡绿色的小叶片也美不胜收。古典玫瑰时至今日依然是我的最爱。

这一品种是在 1845 年由比利时的育种家帕蒙蒂耶培育出来的。居然早在 170 多年前就诞生了如此美丽的蔷薇，我对此感到惊叹不已。它的存在至今依然令古典玫瑰迷们心驰神往。

每到蔷薇开始绽放的 5 月，我的心便一直被古典玫瑰占据。我四处寻访蔷薇园进行拍摄，如果碰到喜欢的品种正好开放，便欣喜若狂、不能自已。我总是期待着与新的蔷薇邂逅，然后按下快门。

伊希斯女神

威廉·洛博

今井秀治，园艺摄影家，生于东京。曾就职于赤坂工作室，后转为自由摄影师。擅长拍摄蔷薇及铁线莲、铁筷子，以及庭院等。著有《英国家庭的 200 个园艺创意》《追寻英国蔷薇》《打造美丽花园》等多本书。

法国蔷薇

法国的荣耀

四分莲座型

花型优美，外瓣呈浅粉色。由于其花茎细，花瓣密，所以一淋雨，花朵就会变重，枝条就会下垂，容易受伤。植株不喜潮湿，因此推荐盆栽。

可攀缘约400厘米 · 花朵直径约8.5厘米

蒙特贝罗公爵夫人

四分莲座型

花型优美，花量多。植株强壮，叶片粗糙，带有法国蔷薇独有的特点。枝条柔软，攀缘性强，易打理，可以种植在窗边作为装饰。

可攀缘约300厘米 · 花朵直径约6厘米

创始人

半重瓣型

花色为红色，株型比“药剂师蔷薇”更加直立一些，枝条也略粗一些。植株上有细刺，叶片像砂纸一样，这也是法国蔷薇独有的特征。

可攀缘约250厘米 · 花朵直径约8厘米

伊希斯女神

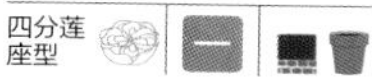

四分莲座型

优美的花朵十分引人注目，花量也较多。花枝短，花朵重，因此植株会横向扩张生长。在法国蔷薇中算是刺多的品种，株型非常优雅。

可攀缘约250厘米 · 花朵直径约6.5厘米

阿加特 · 茵克拉纳塔

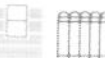

绒球型

花瓣的颜色由淡粉色渐变为白色，可以清楚地看到花朵中心的纽扣心。是法国蔷薇与大马士革玫瑰的杂交种，香气浓郁。植株的耐寒性强，在冬季轻剪一下就能增加花量。

可攀缘约200厘米 · 花朵直径约5厘米

三色德弗朗德尔

绒球型

花瓣上带有仿佛扎染一般的白色条纹。花型由杯型转为莲座型，最后变为绒球型。植株少刺，稍显单薄，但如果种植在半阴环境中，则花色鲜艳，且开花时间持久。

可攀缘约250厘米 · 花朵直径约4厘米

约瑟芬皇后

圆瓣平展型

这一品种十分优美，拥有如丝绸般的花瓣与独特的花形。细枝柔韧，呈半扩张性生长。植株在春季开花前偶尔会发白粉病，须注意防治。

可攀缘约200厘米 · 花朵直径约8厘米

曲折

单瓣平展型

其为花朵大但单薄的单瓣花。植株攀缘性强，少刺，易打理。花期末植株易感染黑星病，须注意防治。在花朵凋谢后保留花蒂，秋季可长出果实。

可攀缘约400厘米 · 花朵直径约8.5厘米

红衣主教黎塞留

杯型  

花色为深紫红色，开花不久后就会转为蓝紫色。开花时数朵花成簇开放，花量多。攀缘性适中，枝条柔软，易弯曲，适合对其进行牵引。对于黑星病的抵抗力稍弱，但病情蔓延速度较慢。

可攀缘约300厘米 · 花朵直径约5厘米

米尔斯的夏尔

四分莲座型  

深紫红色的花瓣层层叠叠，花朵大，看起来雍容华贵。香气浓郁，洋溢着古典玫瑰的情调，枝条纤细，长势旺盛，开花时枝条会下垂。

可攀缘约250厘米 · 花朵直径约8.5厘米

甘露醇

杯型 

在法国蔷薇中，很多品种的花瓣上都带有仿佛扎染一般的条纹，其中甘露醇这一品种尤为美丽、优雅。进行冬季修剪在一定程度上能够调整植株大小，使其枝条整齐、美观，因此，在局促的空间内也能栽培。

可攀缘约400厘米 · 花朵直径约7.5厘米

紫玉

绒球型 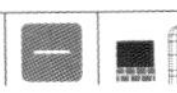 

随着花朵的开放，紫色会愈发艳丽，最后绽放出绿心。枝条易分枝、扩张性强，在局促的空间内也会开花。耐寒性强，即使种植在半背阴处也能茁壮生长。

可攀缘约300厘米 · 花朵直径约4.5厘米

药剂师蔷薇

半重瓣型  

这一品种与古代的法国蔷薇非常接近。它在英国的“玫瑰战争”期间曾作为兰开斯特家族的家徽。在植株幼小时施肥过多易导致白粉病，不过植株茁壮生长以后，即使不施农药也不易生病。

可攀缘约250厘米 · 花朵直径约8厘米

完美的阴影

杯型 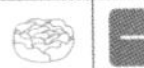 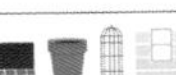

花朵在初绽时呈显眼的紫红色，随后逐渐变为蓝紫色，颜色的过渡、晕染十分美丽。枝条纤细，长势旺盛，可以栽培出饱满的植株。春季易发白粉病，须注意防治。

可攀缘约200厘米 · 花朵直径约4厘米

白玫瑰

丹麦女王

四分莲座型  

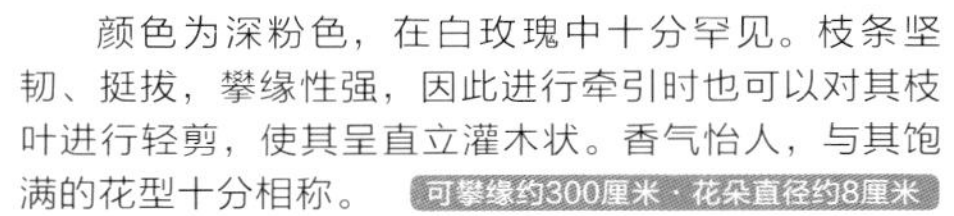

颜色为深粉色，在白玫瑰中十分罕见。枝条坚韧、挺拔，攀缘性强，因此进行牵引时也可以对其枝叶进行轻剪，使其呈直立灌木状。香气怡人，与其饱满的花型十分相称。

可攀缘约300厘米·花朵直径约8厘米

白色千里马

圆瓣重瓣型  

花苞为淡粉色，绽放时由乳白色慢慢变为纯白色。与枝变异的“半重瓣白蔷薇”相比，它的叶片颜色更明亮，花瓣也更多。这一品种生命力强，在半背阴处也可以栽培，抗病性、耐寒性俱佳。

可攀缘约300厘米·花朵直径约7厘米

霞光

平展型  

清透的粉色花瓣与青灰色的叶片搭配在一起十分美丽。花朵初绽时为杯型，逐渐变为平展型。其植株呈直立性，株型端正。该品种耐寒性强，即使在贫瘠的土地上或半背阴处也能茁壮生长。

可攀缘约200厘米·花朵直径约8厘米

半重瓣白蔷薇

半重瓣型   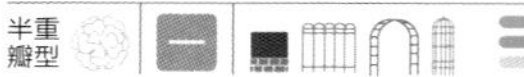

可攀缘约300厘米·花朵直径约7.5厘米

这一品种被人们公认为最接近古代的“白玫瑰”，意大利画家波提切利在其画作《维纳斯的诞生》中有所描绘。香气清新，多果实。树势旺盛，耐寒性、抗病性俱佳。

普兰蒂尔夫人

莲座型 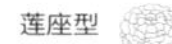  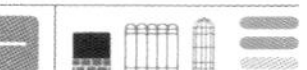

可攀缘约400厘米·花朵直径约6.5厘米

其叶片颜色鲜亮，与一般的白玫瑰相比，别具情趣。半蔓性，在白玫瑰中长势最为旺盛，可以利用花篱等进行牵引，在花朵盛开时能观赏到如瀑布般的盛景。

雷格拉夫人

莲座型  

其花瓣层层叠叠，花色纯白，看起来非常清爽。叶片具有白玫瑰独有的特征——纤细、无光泽、叶裂明显。枝条无刺，抗病性、耐寒性俱佳，天然树形十分美观。

可攀缘约250厘米·花朵直径约7厘米

巴伐利亚王国的苏菲

花色为深粉色，在白玫瑰中十分罕见。花量多，枝条上几乎无刺。长势旺盛，可以作为藤本月季来栽培。最好在窗户四周或藤架上进行牵引，作为装饰。

可攀缘约350厘米 · 花朵直径约6.5厘米

菲力司特 · 帕拉米提尔

花朵饱满而美丽，花瓣数约80片，边缘颜色浅，越靠近中心部分颜色越深，给人以柔美的印象。生命力顽强。通过轻剪能够使凌乱的枝条自然下垂，可观赏到清新的景象。香气浓郁。

可攀缘约200厘米 · 花朵直径约5.5厘米

克洛里斯

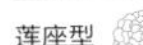

花朵的中心部分为稍深的粉色。枝条略挺立，无刺，易打理。抗病性强，生命力旺盛，即使在半背阴处也可栽培。以出现在古希腊神话中的女神之名“克洛里斯”命名。

可攀缘约250厘米 · 花朵直径约6.5厘米

少女的羞赧

花朵大小中等，数朵花成簇开放，开放时间持久。花形与“少女胭脂”相似，但整体上要比其略大一些。耐寒性、抗病性俱佳，即使在半背阴处也可栽培。

可攀缘约300厘米 · 花朵直径约8厘米

白冻糕绒球

花朵初绽时为淡粉色，花期将结束时变为纯白色。植株长势旺盛，耐寒性强。株型紧凑、端正，适合盆栽。

可攀缘约300厘米 · 花朵直径约3厘米

少女胭脂

淡粉色花瓣搭配绿色叶片，十分美观。耐寒性、抗病性俱佳。其花朵要比“少女的羞赧”小。

可攀缘约250厘米 · 花朵直径约7.5厘米

大马士革玫瑰

塞斯亚娜

杯型 

淡粉色花瓣在金黄色花蕊的映衬下分外美丽。花朵会随着开放逐渐褪色，并且由杯型变为平展型。花香属于辛辣型的大马士革玫瑰香。一季开花性，花期长，抗病性、耐寒性、耐阴性俱佳。

可攀缘约250厘米 · 花朵直径约8厘米

伊斯法罕

四分莲座型 

随着花朵的开放，花型逐渐变为绒球型，花量多，开放时间持久，香气馥郁。植株少刺，耐寒性、抗病性俱佳，易栽培。以古波斯（现在的伊朗）的古城名命名。

可攀缘约300厘米 · 花朵直径约6厘米

玛丽·路易斯

四分莲座型 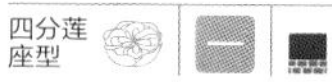

深粉色花瓣带有浅浅的细条纹，花蕊为绿色。树形呈直立性，植株茁壮，但易患白粉病。这一品种是拿破仑的妻子约瑟芬皇后在马尔梅松城堡命人培育出的最早的大马士革玫瑰。

可攀缘约250厘米 · 花朵直径约7厘米

娇小莉塞特

莲座型  

花朵美丽而整齐，花型呈莲座型，花量很多，植株上下开满花。由于其株型紧凑、端正，适合与其他品种混种在花坛中，亦可盆栽。植株生命力强，即使在贫瘠的土地上也能茁壮生长。

可攀缘约250厘米 · 花朵直径约5厘米

哈迪夫人

莲座型

纯白色的古典玫瑰，十分美观，花蕊为绿色也是其魅力之一。香气馥郁，带有柠檬的气味。枝条柔韧，呈半扩张性。需要支柱进行牵引，株型十分饱满。耐寒性强。

可攀缘约300厘米 · 花朵直径约9厘米

赫柏之杯

半重瓣型 

随着花朵的开放，花型由杯型变为半重瓣型，成簇开放。花形朴素，在古典玫瑰中较为罕见。多刺，枝条呈藤蔓状生长。花名含义为“青春女神的酒杯”。

可攀缘约300厘米 · 花朵直径约7.5厘米

塔伊夫玫瑰

莲座型  

它的粉色花瓣呈波浪状。其馥郁的大马士革玫瑰香自古就为人们所喜爱，它现在仍在保加利亚被当作香料植物种植。其枝条呈放射状生长，能攀爬近 3 米高，因此适合用植物攀爬架等进行牵引。

可攀缘约250厘米 · 花朵直径约8厘米

约克与兰开斯特

 重瓣平展型 

可攀缘约250厘米 · 花朵直径约7厘米

花瓣上带有浅粉色扎染状条纹，但有时不明显，花量很多。花名源于15世纪“玫瑰战争”中的2个家族，红玫瑰是兰开斯特家族的家徽，白玫瑰是约克家族的家徽。

四季（秋季大马士革）

重瓣型  反 

作为大马士革玫瑰中唯一一个反季开花的品种，自古以来就被人们所栽培，不过反季开花的花量不多。芳香浓郁的大马士革玫瑰香令人沉醉。植株能自立。

可攀缘约250厘米 · 花朵直径约7厘米

丽达

莲座型 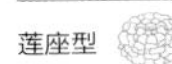  

其白色花瓣的边缘带有明显的红色镶边，花蕊呈纽扣心。抗病性、耐寒性俱佳，且生命力旺盛。叶片形状较圆，植株的形状在大马士革玫瑰中算是较为整齐的。可攀缘约250厘米 · 花朵直径约6厘米

红缎

莲座型 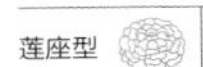 

花色为粉紫色，花量多，丰茂的枝叶也十分美丽。枝条略硬，不弯曲也能开很多花，适合种植在窗边、花盆等显眼的地方，也可牵引做成花门。可攀缘约250厘米 · 花朵直径约5厘米

佐特曼夫人

四分莲座型  

花朵的中心为淡粉色，绿色的花蕊若隐若现。花量大，花期较早。枝条纤细、容易弯曲，因此适合栽培在狭窄的场所，也可进行牵引，做成花门、花塔。

可攀缘约200厘米 · 花朵直径约6厘米

布鲁塞尔市

莲座型  

花朵的中心呈略深的粉色，随着花朵的开放逐渐褪色，并且变为纽扣心。树形呈直立性，粗壮多枝，植株较大，且显得有些凌乱。易患白粉病。

可攀缘约300厘米 · 花朵直径约8厘米

五月玫瑰

半重瓣型  

这一品种现在在法国仍被大量种植，可用作香料。少刺，长势旺盛。花期早。树形呈半直立性。

可攀缘约300厘米 · 花朵直径约8厘米

冬日玫瑰

莲座型 

刺少，在大马士革玫瑰中较为罕见。枝叶呈明亮的绿色。枝条略长，花朵在开放时略微下垂，因此可以进行牵引，做成花门或植物攀爬架，以观赏其“娇弱”的形态。

可攀缘约250厘米 · 花朵直径约6厘米

苔蔷薇

米里奈伯爵夫人

莲座型  一

花瓣带有淡粉色，花萼及萼筒上覆盖着绿色的苔藓状绒毛。枝条多细刺，易栽培，呈半藤蔓状，因此可以利用支柱进行牵引。别称“白色苔蔷薇”。

可攀缘约250厘米 · 花朵直径约7厘米

莎莉特

莲座型  反 

花型美观，反季开花，但花量不多。苔藓状绒毛也较少，只分布在花萼的下半部分。树形呈直立性，枝条的扩张性不强，因此可自立于植物攀爬架旁或窗边。

可攀缘约250厘米 · 花朵直径约7.5厘米

欧也妮 · 基努瓦索

杯型  反 

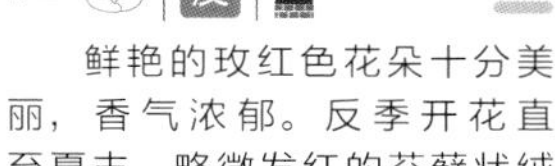

鲜艳的玫红色花朵十分美丽，香气浓郁。反季开花直至夏末。略微发红的苔藓状绒毛也很美观，树形呈自立性、丛状。

可攀缘约250厘米 · 花朵直径约7.5厘米

日本苔蔷薇

半重瓣杯型 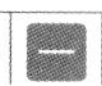 一 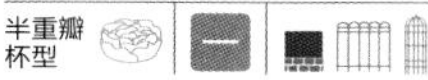

花如其名，在其花梗、叶柄，甚至花苞上都覆盖着苔藓状绒毛，即使在苔蔷薇中也是绒毛最多的品种。植株呈半直立性，枝条略粗。

可攀缘约250厘米 · 花朵直径约7厘米

约翰 · 英格拉姆船长

重瓣型  一 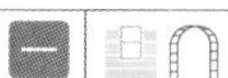

高雅的栗色花瓣与黄色花蕊十分美丽。花朵大小中等，2~3朵成簇开放，花量多。枝条纤细，且覆盖着略微发红的苔藓状绒毛。

可攀缘约200厘米 · 花朵直径约7厘米

拿破仑的帽子

莲座型  一 

花萼发达，人们将其花形比作拿破仑的帽子。3~5朵花成簇开放，开放时下垂，花期长。花瓣娇嫩、易受损，因此在栽培时要注意避雨。

可攀缘约300厘米 · 花朵直径约7厘米

白花苔藓百叶蔷薇

四分莲座型  一  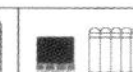

花朵在白色中带有淡粉色，花瓣上偶尔会有粉色扎染状条纹。花萼及萼筒上覆盖着绒毛，枝条上有细刺。枝条虽然稀疏，但较长，易栽培。

可攀缘约300厘米 · 花朵直径约8厘米

悲伤的保罗 · 方丹

四分莲座型  反 

可反季开花，香气馥郁。枝条上覆盖着棕红色的苔藓状绒毛，坚硬、直立。植株长势旺盛，可以利用植物攀爬架或墙面进行牵引。

可攀缘约250厘米 · 花朵直径约8厘米

青年人之夜

莲座型  一 

暗紫红色的花瓣会随着花朵的开放变成明艳的紫色。树形呈直立性，株型紧凑、整齐，适合盆栽。在春季时，花梗处的绒毛易生白粉病，须注意防治。

可攀缘约200厘米 · 花朵直径约6.5厘米

詹姆斯·米切尔

莲座型 

花朵娇小但花型端正，枝条纤细。花朵盛开时开满枝头，因此可以进行牵引，做成花门或花塔等，这样看起来十分美观。植株茁壮，耐寒性强。

可攀缘约250厘米·花朵直径约5厘米

亨利·马丁

平展型  

鲜艳的深紫红色花朵随着开放逐渐褪色。花量多，呈半扩张性生长，长势旺盛。抗病性、耐寒性俱佳，生命力旺盛。枝条会由于花朵的重量而下垂，因此可以进行牵引，做成花门。

可攀缘约300厘米·花朵直径约7厘米

四季白花苔蔷薇

莲座型  

四季白花苔蔷薇被认为是“四季”的枝变异品种，具有古典玫瑰品种独有的韵味。其特征是有宽大的绿色叶片，花萼及花苞覆盖着绿色绒毛，花茎覆盖着茶色绒毛。

可攀缘约300厘米·花朵直径约6厘米

路易斯·吉马尔

莲座型 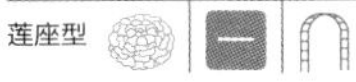

花色为玫红色，花朵中心部分颜色最深，花量很多。枝条被红色绒毛所覆盖，多分枝，这在苔蔷薇中十分罕见。修剪后也可以进行牵引，做成花门。

可攀缘约250厘米·花朵直径约6.5厘米

丝绸

半重瓣型   

反

花形优美，花色为浅杏黄色。花量虽然不多，但是会反季开花，这在苔蔷薇中十分罕见。需要注意的是，其抗病性较弱，但因枝条上长有细刺，花苞上覆盖着绒毛，所以不易生蚜虫。

株高约120厘米·花朵直径约7.5厘米

黑小子

杯型 

花色为暗红色，随着花朵的开放逐渐变为深紫红色。从花萼至花梗全都覆盖着绒毛。枝条多刺。可以通过牵引的方式打造出类似藤本月季的观赏效果。

可攀缘约300厘米·花朵直径约8厘米

威廉·洛博

莲座型 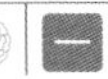 

花色为深紫红色，随着花朵的开放逐渐变为略微发灰的蓝紫色。植株长势旺盛，攀缘性强，枝条柔韧，因此可以朝多个方向进行牵引。这一品种十分茁壮，抗病性强，即使在半背阴处也能栽培。

可攀缘约350厘米·花朵直径约7厘米

苔藓蔷薇

杯型  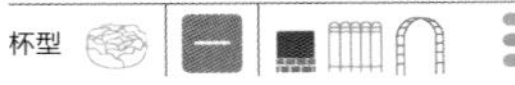

花朵硕大，枝条及花苞上覆盖着红色绒毛。据说这一品种是最早的苔蔷薇，但也有人说它们不是同一品种。树形呈直立性，多小枝。

可攀缘约250厘米·花朵直径约6.5厘米

白色莫罗

四分莲座型  

白色花朵与深绿色叶片交相辉映，十分美丽。枝条上长着独特的栗色绒毛，花苞上有细刺是它的典型特征。有优美的深绿色叶片，可以种植在庭院里。

可攀缘约250厘米·花朵直径约7厘米

百叶蔷薇

方丹·拉图尔

四分莲座型 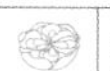  

随着花朵的开放，花型由杯型变为四分莲座型。与古典的百叶蔷薇不同，这一品种少刺、攀缘性强，是长势旺盛的大型品种。植株的耐寒性强，即使在半背阴处也能茁壮生长。须注意预防白粉病。

可攀缘约300厘米·花朵直径约8厘米

洋蔷薇

杯型 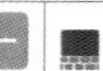

虽说洋蔷薇的花瓣数没有100片之多，但香气馥郁、花形优雅，是百叶蔷薇的基础品种。株型呈自立性，枝条比较整齐。冬季不要强剪，否则花量会减少。

可攀缘约250厘米·花朵直径约6.5厘米

勃艮第绒球

莲座型 

花朵娇小可爱，随着开放，花型由绒球型变为莲座型。花朵虽小，但香气浓郁。植株矮小，枝条整齐，适合盆栽。易生叶蜱，须注意预防植株干燥。

株高约120厘米·花朵直径约2厘米

白色普罗旺斯

莲座型 

“洋蔷薇”的白花品种，花蕊可见绿色。盛开后花瓣卷曲，花型变为菊花型。须注意预防白粉病。是比较茁壮的品种。

可攀缘约250厘米·花朵直径约6.5厘米

莫玫瑰

莲座型 

花朵娇小，随着开放，逐渐变为淡粉色。花量多，开放时间持久。枝条纤细，逐枝开花，花盛开时宛如瀑布般，但也由于密生的缘故，病害容易蔓延。

株高约150厘米·花朵直径约3厘米

乡村少女

莲座型 

白色花瓣上带有玫红色扎染状条纹，即使在条纹品种中也十分显眼。花蕊可见纽扣心。攀缘性强，多刺。香气浓郁。

可攀缘约300厘米·花朵直径约7厘米

朱诺

莲座型  

花色为淡粉色，花蕊可见绿色，十分美丽。由于花瓣层层叠叠，所以有时会被雨淋伤。花朵大，花茎长，因此，可以将枝条牵引至高处，让人们仰望观赏。

可攀缘约300厘米·花朵直径约8厘米

白色之花

杯型 

花苞带有红色，一旦开放，花朵就会变为纯白色。花量多，花茎短，开放时间持久。花形十分美观。

可攀缘约250厘米·花朵直径约7.5厘米

波尔索月季　波特兰玫瑰

上席朵妮

莲座型 

它与同属波特兰玫瑰的“雅克·卡地亚”相似，但花色比其稍深一些，香气怡人。有反季开花的特性，攀缘性很强，因此最好在开花前进行牵引。

可攀缘约250厘米·花朵直径约7厘米

阿玛迪斯

半重瓣型  一 

阿玛迪斯还保留着庚申月季的典型特征，花色为玫红色，有着中等大小的花朵，是早开的藤本月季，枝条完全无刺，易打理。长势旺盛，花量多，适合在庭院内种植。

可攀缘约350厘米·花朵直径约6.5厘米

腮红布尔索

半重瓣型  一 

薄花瓣上带有褶皱，纤弱却美丽。随着花朵的开放，花型由杯型变为平展型。早开，少刺。由于其主干上的分枝少，所以在牵引时可以利用植株上部的分枝。

可攀缘约350厘米·花朵直径约5.5厘米

古典玫瑰

中帕拉贝尔的桑西夫人

莲座型  一 

拥有触感如丝绸般的花瓣，花色为粉色。早开，无刺，枝条略微发红，这是波尔索月季独有的特征。虽然花朵娇弱，但是植株茁壮，易栽培。

可攀缘约400厘米·花朵直径约8.5厘米

桑萨尔的亚瑟

莲座型 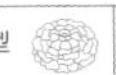 反  

花形端庄，深紫红色花朵随着开放逐渐变为蓝紫色。反季开花频繁。植株矮小、端正，但由于其叶片茂密，所以要注意下雨时溅起的泥点会导致植株患黑星病。

株高约100厘米·花朵直径约6.5厘米

香波堡伯爵

四分莲座型  反  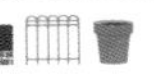

花苞要经过较长一段时间才开放，一旦开放，花型就会变为端正的莲座型。香气浓郁。枝条呈半蔓性，易伏地生长，因此最好利用植物攀爬架等进行牵引。常反季开花。

可攀缘约200厘米·花朵直径约7.5厘米

雅克·卡地亚

四分莲座型  反 

花型呈莲座型，反季开花频繁，自古以来就受到人们的喜爱。在花朵开放后，将开过花的枝条截短一半左右，这样下次就可以开出更多花。植株能长到高约 1.5 米。

株高约150厘米·花朵直径约7厘米

圣约翰的玛丽

莲座型  反 

薄薄的白花瓣上仿佛涂着一层红色，随着花朵的开放逐渐变为纯白色。反季开花较频繁，可一直开到夏末。可以先种植在小花盆里，等植株长大后再换盆。

株高约180厘米·花朵直径约6.5厘米

雷士特玫瑰

莲座型  多 

随着花朵的开放，花色由深玫红色变为紫红色，花型由莲座型变为绒球型。花一般从夏季开至晚秋，多次开花，但生长速度缓慢。耐寒，在半背阴处也能茁壮生长。

株高约150厘米·花朵直径约5.5厘米

波旁玫瑰

凯瑟琳·哈罗普

半重瓣型 反

这是“瑟菲席妮·杜鲁安”的枝变异品种。无刺，枝上开满花，反季开花时花量少。香气馥郁。攀缘性强，因此可以靠墙种植，十分美观。

可攀缘约300厘米·花朵直径约7厘米

雪球

杯型  反

花如其名，花瓣层层叠叠，花朵在开放时会下垂。少刺，攀缘性较强，可以利用墙壁或藤架等进行牵引。如果在气候温暖、光照充足的环境里种植，则花量很多。

可攀缘约350厘米·花朵直径约6厘米

维多利亚女王

杯型  反 

这是波旁玫瑰中的代表性品种。第二次反季开花时花量依然很多，但是入秋后就会变得零星。树形呈直立性。在高温、潮湿的季节要注意预防黑星病，定期喷洒农药。

可攀缘约350厘米·花朵直径约6厘米

维多利亚公主

重瓣型  四

这是“纪念马美逊”的枝变异品种，花朵的中心呈乳白色，花量多。树形偏扩张性。不耐湿，要注意预防白粉病与灰霉病。

株高约100厘米·花朵直径约9厘米

鲜艳

杯型  反

花瓣表面为鲜艳的紫红色，背面的颜色稍浅一些。花朵在开放时易下垂，香气馥郁。少刺，枝条的攀缘性强。由夏至秋都会开花。

可攀缘约300厘米·花朵直径约7厘米

纪念马美逊

四分莲座型  四 

四季开花性，花形很美，是波旁玫瑰中的代表性品种，150多年来一直受到人们的喜爱。花量多，植株的扩张性较强，长势旺盛。抗病性较弱，适合种植在光照充足、通风良好的场所。

株高约100厘米·花朵直径约9厘米

波旁皇后

杯型  一

粉色花瓣带着若有若无的条纹，花量很多。一般会从上一年枝条的芽点处开花，因此花朵盛开时非常壮观。可作为藤本月季种植在花篱边或窗边，十分美观。

可攀缘约400厘米·花朵直径约7厘米

路易·欧迪

莲座型  反

花朵成簇开放，花量较多。在波旁玫瑰中攀缘性最强，无刺，易打理。即使将枝条剪到很短也能稳定地开花。抗病性较弱，需要定期喷洒农药。

可攀缘约400厘米·花朵直径约6厘米

奥诺琳布拉邦

杯型  反 

花朵大小中等，带有紫色扎染状条纹，枝条少刺，易打理。树形偏向于直立性，能长至高约 2.5 米。花朵从初绽到盛开需较长时间，但鲜艳的绿叶看起来非常清爽、美观。

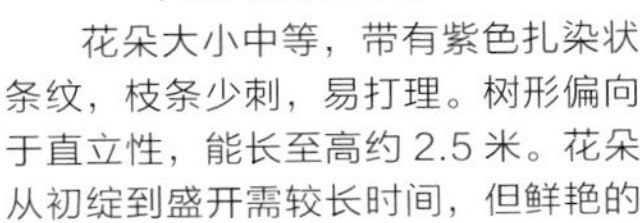

可攀缘约250厘米·花朵直径约6厘米

吉卜赛男孩

圆瓣平展型  一 

随着花朵的开放，花色由深紫红色变为紫色。花量多，秋季大量结果，十分壮观。树形偏向于扩张性，多刺。枝条呈藤蔓状，攀缘性很强，因此适合用花篱等进行牵引。

可攀缘约350厘米·花朵直径约5厘米

瑟菲席妮·杜鲁安

半剑瓣平展型  反

玫红色花瓣呈波浪状，花量多，香气怡人。花枝较短，花朵开满整个植株，非常美观。枝条无刺，呈藤蔓状攀缘。须注意预防病害。

可攀缘约300厘米·花朵直径约7厘米

伊萨佩雷夫人

莲座型   一 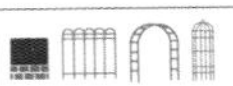

花朵在波旁玫瑰中属最大的一种。春季时开花量惊人。攀缘性强，新梢发枝频繁，植株较高大。需要定期喷洒农药。由于树势旺盛，所以要控制施肥量。

可攀缘约400厘米·花朵直径约8.5厘米

纪念圣安妮

半重瓣型  四 

“纪念圣安妮”是“纪念马美逊”的枝变异品种，花瓣数量少，不易被雨淋伤。花朵成簇开放，花量多，可反季开花。植株矮小，适合盆栽。

株高约100厘米·花朵直径约9厘米

抓破美人脸

杯型  一 

白色花瓣上带有深玫红色的扎染状条纹，十分美丽，花量多。在条纹品种中十分显眼。植株呈半扩张性生长，柔韧的枝条能长至长约 3 米。须注意预防病害。

可攀缘约350厘米·花朵直径约6厘米

皮埃尔欧格夫人

杯型  反 

它是“维多利亚女王”的枝变异品种，白色花瓣的边缘晕染着粉色，十分美丽。淋雨后枝条上易产生斑点。反季开花频繁，可以当作藤本月季来种植。

可攀缘约350厘米·花朵直径约6厘米

杂交长春月季

费迪南·皮查德

杯型 反

粉色花瓣上带有深红色扎染状条纹，看起来雍容华美。枝条偏扩张性，不论牵引还是强剪都不影响开花。于20世纪培育，也有人将其归类于波旁玫瑰。

可攀缘约300厘米・花朵直径约7厘米

摩洛哥国王

四分莲座型 一

暗红色花瓣层层叠叠，花量很多，香气馥郁。攀缘性强，因此可以当作藤本月季来栽培。花瓣容易被晒焦。需要注意预防各种病害。

可攀缘约300厘米・花朵直径约6厘米

艾尔弗雷德·哥伦布

重瓣型 反

随着花朵的开放，绯红色大花朵会隐约透出蓝紫色。反季开花频繁，枝条略硬，适合攀附墙面生长。不太怕淋雨，较为喜欢干燥、温暖的气候。

可攀缘约350厘米・花朵直径约8厘米

纪念贾博士

杯型 反

花朵的质感像天鹅绒一般，随着花朵的开放，花型由杯型变为莲座型。一般会从上一年枝条的芽点处开花，枝条更替快，耐强剪。枝条几乎无刺。需要注意预防病害。

可攀缘约300厘米・花朵直径约7厘米

紫罗兰皇后

四分莲座型 反

花朵随着开放透出蓝紫色，独具魅力。秋季也会开花，不论是牵引还是强剪都不影响开花。枝条几乎无刺，易打理。需要注意预防各种病害。

可攀缘约250厘米・花朵直径约6厘米

布罗德男爵

杯型 一

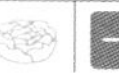

花朵硕大，花瓣边缘带有白色镶边。在日本的气候条件下，花朵多为深玫红色，花量多，花茎短。可作为藤本月季栽培，要注意预防白粉病。

可攀缘约350厘米・花朵直径约9厘米

休·迪克森

圆瓣环抱型 反

玫红色大花朵与现代月季相似，反季开花时花量少。枝条较硬，大刺多，进行牵引有些困难，但植株茁壮、易栽培，花朵艳丽。

可攀缘约300厘米・花朵直径约10厘米

紫袍玉带

莲座型 一

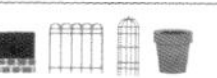

深玫红色花瓣呈波浪状，带有白色镶边。树形偏直立性，可长至高约3米，维持天然树形即可，花朵的重量会使枝条下垂。如果是盆栽，在即将开花时将花盆移至半背阴处，能开出艳丽的花朵。

可攀缘约300厘米・花朵直径约7厘米

德国白

半剑瓣高芯型 反

作为纯白色藤本月季的品种之一，它深受人们喜爱，亦是有名的杂交亲本。花朵的开放时间较短，耐雨淋。植株易牵引，株型饱满。抗病性较弱，需要定期喷洒农药。

可攀缘约400厘米・花朵直径约9厘米

亨利·尼瓦德

半重瓣型 反

这是近年培育出的品种，花朵硕大，花瓣厚，初绽时花型为杯型，随着开放，外瓣逐渐翻卷，十分美丽。秋季也经常开花，植株呈半藤蔓状，因此可利用墙面等进行牵引。需要注意预防各种病害。可攀缘约250厘米·花朵直径约6厘米

牡丹月季

杯型 反

花瓣数量多，华贵的花形与怡人的香气富有魅力。树形呈直立性，枝条几乎无刺，进行牵引后花量增多。秋季也会开花，为世人所喜爱。

可攀缘约300厘米·花朵直径约10厘米

维克的随想

杯型 反

粉色花瓣带有白色及深粉色的扎染状条纹，花形雍容华贵，十分美丽。少刺，植株高时呈树状，矮时呈藤蔓状。稍有些不耐湿。

可攀缘约250厘米·花朵直径约8厘米

古典玫瑰

沙布里朗的塞西尔伯爵夫人

杯型 反

粉色花朵看起来十分端庄，花瓣数量多，花型呈杯型。花量多，花开时如瀑布般覆盖枝条。树形呈直立性，花茎坚硬、挺拔，多小刺，反季开花时花量少。

可攀缘约200厘米·花朵直径约5.5厘米

罗斯柴尔德男爵夫人

杯型 反

花色为淡粉色中略带银白色。花朵硕大，开放时间持久。树形呈直立性，新梢多，分枝频繁，枝条数多。秋季也会开花，但如果不修剪，花量就很少。须注意预防白粉病。

株高约100厘米·花朵直径约3厘米

约翰·莱恩夫人

杯型 反

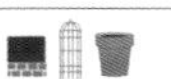

花瓣层数多，香气馥郁，反季开花频繁。花梗短，花朵开放时就像在叶子上一般。树形呈直立性，少刺，可以当作灌木性蔷薇来修剪。

可攀缘约200厘米·花朵直径约8厘米

艾伯特·巴贝尔夫人

圆瓣杯型 反

花色为浅杏黄色，在杂交长春月季中十分罕见。春秋多花，夏季花量少。树形呈直立性，低矮且茂盛，多刺，但枝条形态饱满。需要定期喷洒农药。

株高约120厘米·花朵直径约8.5厘米

雅克米诺将军

圆瓣重瓣型 一

花型为圆瓣重瓣型，已长成的植株上也有可能开出莲座型花朵。多从根部抽枝，最好当作藤本月季来进行牵引。这一品种对于红色系现代月季的诞生有巨大贡献。

可攀缘约300厘米·花朵直径约6厘米

里昂的荣耀

圆瓣环抱型 一

花苞为粉色，花朵绽放后变为乳白色。少刺，植株茁壮，易打理。无花茎，花朵朝上开放，因此很适合利用植物攀爬架等进行牵引。叶片也带有香气。

可攀缘约300厘米·花朵直径约7.5厘米

诺伊斯氏蔷薇

奥尔施塔特公爵夫人

杯型

花朵在浅黄色中隐约透出红褐色，花量多，开放时间持久，会反季开花。攀缘性强，可以当作藤本月季来打理，十分美观，也耐修剪。清新的茶香惹人喜爱。

可攀缘约400厘米 · 花朵直径约8厘米

粉红努塞特

半重瓣型

10~20 朵淡粉色小花成簇开放，花量多。反季开花频繁，但如果想使其茁壮生长，在夏季以后就要尽量避免其开花。

可攀缘约250厘米 · 花朵直径约4厘米

席琳 · 福雷斯蒂尔

莲座型

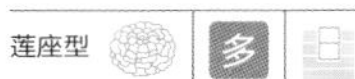

花色为浅黄色，随着花朵的开放，花色会逐渐变浅。开花频繁，植株茁壮。枝条少刺，攀缘性强。新梢也发枝频繁，枝条柔韧，易牵引。

可攀缘约300厘米 · 花朵直径约7厘米

黄铜

莲座型

花朵的混合色调十分美丽，浅黄色中带有浅杏黄色和粉色，花蕊可见纽扣心。在诺伊斯氏蔷薇中算是攀缘性较强的品种，但枝条较稀疏。可以利用柔韧的枝条进行牵引。

可攀缘约500厘米 · 花朵直径约7厘米

暮色

半重瓣型

反

在高温环境下，花色中的黄色尤为鲜艳。为展开型株型，如果在开阔的环境下栽培，其天然树形不修剪也很美。耐强剪，反季开花频繁。需要注意的是，施肥过多易导致白粉病。

可攀缘约300厘米 · 花朵直径约7厘米

阿利斯特 · 斯特拉 · 格雷

绒球型

随着花朵的开放，花色由外至内逐渐变浅。约 20 朵花成簇开放，反季开花频繁。枝条少刺，一年比一年长，易牵引。抗病性强，即使在半背阴处也能茁壮生长。

可攀缘约300厘米 · 花朵直径约7厘米

金之梦

半剑瓣型

花朵的色彩细腻，米色中带有淡淡的杏黄色。枝条稀疏，但分枝频繁，长势旺盛，仿佛在空中划出一条长长的弧线。可以利用墙面或较高的花篱等进行牵引。

可攀缘约350厘米 · 花朵直径约7厘米

细流

半重瓣型 反

花色为粉色，花朵大小中等，成簇开放，盛开时十分壮观。枝条易牵引，植株高大，生长速度快。植株的耐寒性强，反季开花频繁。

可攀缘约400厘米 · 花朵直径约6厘米

千粉

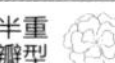

半重瓣型 多

花苞为深粉色，待花朵绽放后，则像重瓣樱花一样呈淡粉色。一般数朵花成簇开放。由春至秋多次开花。

可攀缘约250厘米 · 花朵直径约4厘米

拉马克将军

四分莲座型 反

白花中心晕染着黄色，是最早诞生的诺伊斯氏蔷薇之一，反季开花时花量少，攀缘性强。喜爱温暖的环境，一般在日本关东以西地区栽培，花量较多。

可攀缘约400厘米 · 花朵直径约8厘米

卡里埃夫人

杯型 反

花色为米色中略带淡粉色，花量多，带有茶香。植株攀缘性强，少刺，叶片颜色鲜艳。即使种植在半背阴处或全背阴处也能茁壮生长。在植株生长过程中需要喷洒农药，直至植株变得高大、茁壮。

可攀缘约500厘米 · 花朵直径约7厘米

普莱格尼馆

杯型 反

花色为粉色中略带紫色，花朵中心处颜色深，花型是圆的。花量较多，会反季开花。株型略呈扩张性，可在轻剪后利用小型植物攀爬架进行牵引。

可攀缘约250厘米 · 花朵直径约6厘米

克莱尔 · 雅基耶

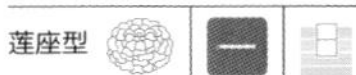

莲座型 一

花色为浅杏黄色，随着花朵的开放逐渐变白，新芽带着红色。标准的藤蔓性品种。如果生长环境适宜，能攀缘至高约 10 米处。少刺，带有茶香。

可攀缘约400厘米 · 花朵直径约3.5厘米

维贝尔之爱

绒球型 反

花苞透着红色，花朵绽放后为白色。花瓣层数多，花型为杯型，十分美丽。花期晚，一般直到夏季才会开放，在寒冷地区则要到秋季才开放。枝条少刺，攀缘性强。

可攀缘约400厘米 · 花朵直径约6厘米

卡洛琳 · 马尔尼斯

绒球型 反

白色花朵中略微透着粉色，花朵较小，中心处可见纽扣心，花形惹人怜爱。一般会反季开花直至秋末，在寒冷地区亦可栽培。植株茁壮，扩张性强，枝条较硬，很适合盆栽。

可攀缘约200厘米 · 花朵直径约6厘米

拿骚公主

半重瓣型 多

白色重瓣花朵，未绽放时呈红色，入秋后又透出象牙色，十分美丽。植株偏自立性，能长得很高大，多次开花直至初冬。叶片为明亮的绿色，耐寒性强。

可攀缘约300厘米 · 花朵直径约4厘米

中国月季

路易斯·菲利普

圆瓣环抱型 四

花色为深红色，随着花朵的开放，逐渐透出紫红色，花瓣边缘变白。花朵成簇开放，花量多。枝条纤细，但分枝频繁。根据枝条的修剪情况，株型可调整。株高约120厘米·花朵直径约4厘米

粉妆楼

杯型  四 

株高约80厘米·花朵直径约6厘米

花色为淡粉色，越往花朵中心处颜色越深，花瓣很密，花量也很多。株型矮小，树形呈半直立性，新梢频发。植株淋雨后有可能不开花，适合盆栽。

国色天香

杯型 四

花色为深玫红色，花枝纤细，数朵花成簇开放。花朵在盛开时低垂。既可以将植株栽培成半藤蔓状，又可以栽培成灌木状。香气袭人。这一品种因曾受到宫泽贤治（日本诗人、作家）的钟爱而闻名于世，别称“日光”。株高150~250厘米·花朵直径约7厘米

索菲的长青月季

圆瓣杯型 四

花朵外瓣的玫红色与内瓣明亮的粉色相互映衬，十分美观。盛开时花朵低垂，几乎无刺。香气馥郁，植株呈扩张性、半藤蔓状生长，因此也可当作小型藤本月季来种植。

株高约100厘米·花朵直径约6厘米

变色月季

单瓣型 四

花色多变、非常稀有，单株具有很高的观赏价值。多花性，一般从每年的5月一直开至晚秋。枝条纤细、柔韧、略带红色，呈半扩张性生长。耐寒性稍弱。

株高120~250厘米·花朵直径约6厘米

维苏威火山

剑瓣高芯型 四 

细长的红色花苞是中国月季独有的特征，花瓣数多，花色为粉色。枝条纤细、柔韧、带尖刺，一般常在地势低处扩张生长。耐寒性、抗病性俱佳，且生命力旺盛。株高约100厘米·花朵直径约6厘米

赤胆红心

杯型 四  

花瓣层层叠叠，越靠近边缘处玫红色越深。花型饱满，花量多，一般开花至初冬。半直立性的丛状树形看起来很端正，十分适合种植在花坛或花盆里。

株高约100厘米·花朵直径约6厘米

月月粉

圆瓣杯型 四

它是从中国传入欧洲的 4 种古典月季之一。这一品种一般每 60 天开放一次，而现代月季很好地继承了这种四季开花性。花朵的外瓣呈现出较深的粉色。树形呈半直立性，植株茁壮。株型美观，易栽培。

株高约120厘米 · 花朵直径约4厘米

赫莫萨

杯型 多

杯状花型，花朵中心呈莲座状。花朵朝上开放，花量多。树形呈半扩张性，枝条纤细而坚硬，多分枝。一般多次开花直至初冬。

株高约80厘米 · 花朵直径约4厘米

屏东月季

杯型 四

它是从中国传入欧洲的 4 种古典月季之一，一般认为它是香水月季的祖先。花朵中心略带粉色，枝条纤细，但长势旺盛。

株高约100厘米 · 花朵直径约6厘米

单瓣月月粉

圆瓣单瓣型 四

花朵为简单的单瓣，初绽时为淡粉色，将凋谢时变为深粉色。多花性，四季开花，树形呈半扩张性。为中国月季的基本品种之一。

株高约120厘米 · 花朵直径约5厘米

葡萄红

杯型 四

继承了庚申月季的特性，略带紫色的玫红色花朵十分鲜艳。在中国月季中算是不怕雨淋的品种。四季开花性，长势旺盛，可以通过轻剪使其枝条长长，进行牵引后做成花门。

株高100~250厘米 · 花朵直径约5厘米

淡黄

剑瓣高芯型 一

在从中国传入欧洲的月季中，这是唯一一个一季开花的藤蔓性品种。许多现代月季都继承了古典月季淡黄色的色调与剑瓣高芯型的花型。抗病性强。

可攀缘约400厘米 · 花朵直径约6.5厘米

月月红

半重瓣型 四

它是从中国传入欧洲的 4 种古典月季之一，被称为“最红的中国月季”。枝条纤细、花茎长，花朵开放时向下垂。株型长势端正，因此也能盆栽。

株高约60厘米 · 花朵直径约4.5厘米

迷你庚申月季

重瓣型 四

这一品种是由庚申月季变异衍生出的袖珍品种，是微型月季的亲本。植株高约 20 厘米，花朵相继成簇开放。需要注意预防黑星病、叶蜱等。

株高约20厘米 · 花朵直径约2.5厘米

赛昭君

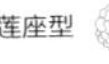

莲座型 四

花色为淡粉色与浅杏黄色夹杂的颜色。瓣质如同丝绸一般，花瓣交错在一起。花量大，枝条纤细，分枝频繁。植株高约 1 米，适合盆栽。

株高约100厘米 · 花朵直径约8厘米

香水月季

约瑟夫大公

莲座型    四

花朵的色彩复杂，由粉色渐变为橙色，外瓣翻卷，内瓣呈杯状，中心呈莲座状，这样的花型独具魅力。植株呈半藤蔓状生长，因此可以当作小型藤本月季来种植。

株高80~250厘米·花朵直径约7厘米

弗朗西斯·迪布勒伊

杯型  四

暗红色花色与杯型花型富有魅力，大马士革玫瑰香十分怡人。花量也多。花瓣边缘易有“焦边”。枝条多刺，但坚硬、结实，株型偏扩张性，长势旺盛。

株高约120厘米·花朵直径约8厘米

安娜·奥里弗

剑瓣平展型   四

浅杏黄色花朵在开放时会略微下垂。少刺，枝条纤细，株型端正，十分适合盆栽。有一定的抗病性，需要注意的是，如果修剪过度，会导致植株发育不良。

株高约120厘米·花朵直径约7厘米

尼菲特斯

半剑瓣环抱型 四

它是古老的香水月季之一，随着花朵的开放，白色圆瓣花型逐渐变为半剑瓣环抱型花型。花量多。花期虽早，但生长缓慢，不耐高温。隔几年疏枝一次即可，请避免强剪。

株高约60厘米·花朵直径约6.5厘米

布拉班特公爵夫人

杯型   四

花型呈杯型，十分美丽。花量多，一般会从早春一直开至霜降时节。植株易得白粉病，但对黑星病抵抗力强。在日本为人们所喜爱。

株高约100厘米·花朵直径约6厘米

安东尼玛丽夫人

剑瓣高芯型   四

花瓣边缘晕染着粉色。花色会根据季节变化，可一直开放至初冬。它具有独特的酒红色枝叶，枝条纤细，分枝频繁，适合种植在花坛中。

株高约100厘米·花朵直径约6厘米

塞芙拉诺

杯型  四

花色为杏黄色，随着花朵的开放逐渐变浅。花枝纤细，次第开花，即使在香水月季中也算是多花性品种。分枝频繁，呈半扩张性生长，长势旺盛。植株茁壮，耐寒性较强。

株高约130厘米·花朵直径约8厘米

埃莉斯·瓦顿的回忆

莲座型   四

春季和秋季的花色不同。花瓣数多，淋雨后有时花朵不能全开，但树势旺盛，花量多。植株高大，十分美观。枝叶与刺都呈红色。需要注意预防白粉病。

株高约150厘米·花朵直径约7厘米

珍珠花园

剑瓣高芯型   四

随着花朵的开放，花型由剑瓣高芯型变为四分莲座型。花瓣数量多，偶尔会有未完全开放的花朵。在香水月季中算植株比较高大的，但初期生长速度缓慢。呈半扩张性生长，少刺。

株高约100厘米 · 花朵直径约8厘米

布润薇夫人

杯型  四

花朵白中透粉，开放时低垂，花量多，花梗纤细。植株呈半扩张性生长，分枝频繁，虽然新梢少，但老枝也会大量开花。株型较小，适合盆栽。

株高约100厘米 · 花朵直径约6厘米

福莱·霍布斯夫人

半剑瓣高芯型 四 

象牙色花瓣的中心处晕染着淡粉色。花朵开放时低垂，这是香水月季独有的特点，十分雅致。枝条纤细，植株呈半扩张性生长，低矮却茂盛。

株高约70厘米 · 花朵直径约6厘米

约瑟夫·施瓦茨夫人

杯型  四

它为“布拉班特公爵夫人”的枝变异品种，白色花瓣上偶尔会有粉色。花型美丽，花量多，开放时间持久。枝条纤细，分枝频繁，植株长势旺盛。

株高约100厘米 · 花朵直径约6厘米

克莱门蒂娜·卡邦尼尔蕾

绒球型   四

花色较杂，在浅橙色中晕染着粉色与黄色。花瓣稍显凌乱。枝条纤细、柔韧，植株低矮，呈半扩张性。春季要注意预防白粉病。

株高约100厘米 · 花朵直径约7厘米

希灵登夫人

半剑瓣高芯型  四

淡黄色花朵散发着茶香。花朵开放时低垂，花量多，枝叶透着红色，十分美观。枝条柔韧，分枝频繁，树形呈半直立性。

株高约130厘米 · 花朵直径约8厘米

新娘

半剑瓣重瓣型 四 

花朵中心呈浅黄色，层层叠叠的花瓣十分美丽。少数花朵晕染着粉色。枝条纤细、柔韧，三角形尖刺很多，新叶及叶轴透着红色。

株高约80厘米 · 花朵直径约7.5厘米

杂交麝香月季

芭蕾舞女

单瓣平展型 反

花朵的中心为白色，开放时间持久。植株上覆盖着瀑布般的花朵，十分壮观。易结果实。在第二次开花后要剪掉花蒂，这样才能接着开花。植株茁壮，易栽培，但要注意预防叶蜱。

可攀缘约350厘米 · 花朵直径约2.5厘米

科妮莉亚

莲座型 反

植株上开满了浅杏黄色的花朵，开放时间持久。枝条柔韧、少刺。植株长势旺盛，呈半扩张性生长，易牵引，抗病性强，但要注意预防叶蜱。

可攀缘约500厘米 · 花朵直径约3.5厘米

薰衣草少女

莲座型 反

粉紫色花朵随着开放逐渐透出蓝紫色。花量很多，长势旺盛，最好作为藤本月季种植在开阔的场所。耐寒性、抗病性俱佳，且生命力旺盛。

可攀缘约500厘米 · 花朵直径约7厘米

努尔玛哈

半重瓣型 多

花瓣外侧呈波浪状，花量多。枝条透出红色，无刺，易打理。抗病性、耐暑性俱佳，植株一年中多次开花，是较好的点缀色品种。

可攀缘约350厘米 · 花朵直径约7厘米

莫扎特

单瓣平展型 反

花瓣根部晕染着白色，将黄色花蕊衬托得十分美丽。花期长，一年中次第开花。枝条呈半蔓性生长，透着红色，多刺。抗病性与耐寒性相对较强。

可攀缘约350厘米 · 花朵直径约2.5厘米

月光

平展型 反

随着花朵的开放，花色由浅黄色变为白色。花朵成簇开放，反季开花性强。植株长势旺盛，枝条呈放射状生长，花开满枝头时会下垂。

可攀缘约350厘米 · 花朵直径约4厘米

费利西亚

莲座型 反

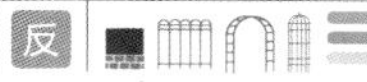

可攀缘约250厘米 · 花朵直径约7厘米

随着花朵的开放，花型由杯型逐渐变为莲座型，花瓣数量多，开放时间持久。植株茁壮，少刺，易打理。反季开花直至初冬，甜美的香气十分怡人。

佩内洛普

半重瓣型 反

浅杏黄色的花朵中晕染着白色，十分美丽，花朵成簇开放。枝条粗壮，呈半蔓性，分枝频繁，植株高大，呈扩张性生长。反季开花频繁。植株茁壮，但也需要注意预防病害。

可攀缘约400厘米 · 花朵直径约7厘米

伊娃

单瓣型 反

玫红色花瓣与黄色花蕊交相辉映。秋季也会开花。枝条较硬，不太容易牵引，因此，最好一边利用新梢，一边剪除老枝，以修整树形。

可攀缘约350厘米 · 花朵直径约8厘米

繁荣

半剑瓣杯型 反

花朵初绽时为半剑瓣杯型，之后逐渐变为平展型。春季花量多，开放时间持久。枝条呈半扩张性生长，分枝频繁。植株茁壮，耐寒性、抗病性俱佳，在半背阴处亦可栽培。

可攀缘约400厘米 · 花朵直径约6厘米

弗朗西斯 · E.李斯特

单瓣平展型 反

白色单瓣花的花瓣边缘晕染着淡粉色。多花，一般数朵花成簇开放，盛开时如瀑布般覆盖整个植株。枝条长势旺盛，秋季结红色果实。

可攀缘约500厘米 · 花朵直径约3厘米

泡芙美人

莲座型 反

带有甜美的浓香，有类似麝香的香味，花量多。在黄色系月季中算是生命力较强的品种，主要在春季与秋季开花。枝条呈扩张性生长，长势旺盛，但由于其十分坚硬，所以需要尽早进行牵引，这样才能得到良好效果。

可攀缘约400厘米 · 花朵直径约7厘米

威廉

半重瓣型 反

鲜艳的红色花朵随着开放逐渐褪色，与透着蓝绿色的叶片相互映衬，十分美观。植株呈藤蔓性生长，攀缘性强，因此可以利用墙面等进行牵引。

可攀缘约350厘米 · 花朵直径约7厘米

罗宾汉

半重瓣型 反

罗宾汉是“冰山”等丰花月季的杂交亲本，会开出大量玫红色花朵。常反季开花，树势旺盛，花朵开放时间持久。呈半藤蔓状生长。

可攀缘约350厘米 · 花朵直径约3厘米

弗朗西丝卡

剑瓣高芯型 反

黄色花朵中隐约透出红褐色，初绽时为剑瓣高芯型花型，随着开放逐渐变为平展型。反季开花直至夏末，植株的攀缘性强，枝条略硬，因此可以利用墙面等进行牵引。

可攀缘约350厘米 · 花朵直径约7.5厘米

埃尔福特

半重瓣杯型 反

花瓣根部晕染着白色，黄色花蕊十分美丽。花期长，花朵次第开放。枝条呈半蔓性，透着红色，多刺。抗病性、耐寒性俱佳。

可攀缘约300厘米 · 花朵直径约7.5厘米

蔷薇“埃克赛萨”，别称“红色多萝西·帕金斯”

“穆丽根尼”蔷薇

蔷薇“芭蕾舞女”与铁线莲“卡尔”

“穆丽根尼”蔷薇从咖啡馆的一面墙上倾泻而下。秋天则挂满红色的果实

齐藤芳江的“绿色玫瑰园”

——爱玫瑰的人开了家咖啡馆

沉醉于玫瑰的世界

“穆丽根尼”蔷薇覆盖着整面墙，心形白花瓣与花蕊交相辉映，粉色“新曙光”的枝条则从露台上垂下。5 月的午后，在花海中品尝美味的红茶与蛋糕，何其幸福。日本埼玉县毛吕山町是紧依秩父市连山而建的小城，在山中的一条街道上，有一家名为“绿色玫瑰园”的咖啡馆，上面的图中展示的就是那里的情景。咖啡馆的主人是齐藤芳江女士，她在婚后不久就随先生回到老家生活。

“老家的庭院里有公公留下的 20 株杂交茶香月季，就这样，我与玫瑰不期而遇。但当时我完全不具备园艺知识，这些玫瑰没能开出漂亮的花。在我的孩子长大一些后，我腾出工夫来到由东京的玫瑰专卖店 Oaken Bucket 主办的‘玫瑰教室’上课，在那里，我遇到了藤本月季首席专家，村田晴夫老师（现已故）。”

就这样，齐藤女士一边在玫瑰教室学习玫瑰的栽培方法、牵引方法及玫瑰的园艺造景，一边着手将自己家 1 300 多平方米的土地打造成了玫瑰园。据说，在齐藤女士家的庭院中练习牵引藤本月季时，村田老师曾经改造过大棚上的钢管，用于牵引玫瑰，或将无法自立的古典玫瑰做出穹顶造型，令众人惊叹不已。

“村田老师的园艺技术简直像是在用玫瑰作画一般。他的创意背后有丰富的经验与知识支撑，我对这些美妙的创意如痴如醉。”

将蔷薇“埃克赛萨”嫁接在树状砧木上，再搭配种植洋地黄，以突出纵向线条

蔷薇“淡紫色的梦”与铁线莲“珍妮”

绿色玫瑰园
㊟埼玉县内郡毛吕山镇
営4～6月、10月、11月的周六～周一：11～17时
㊡从东武越生线东毛吕山站下车后徒步7分钟

庭院中最先修建的是这条小路，小路是玫瑰园中仅次于造景的重要元素

齐藤芳江，生于日本埼玉县毛吕山町。1984年从城市回到故乡，1996年开始造玫瑰园，2003年开始担任滝之入地区玫瑰园的栽培指导工作，2006年开始经营自家的开放式花园兼咖啡馆。造园过程详见由其所著的《欢迎光临，被玫瑰环绕的咖啡馆》。

因为玫瑰，我开始经营咖啡馆

那时，作为振兴城镇的一个环节，毛吕山町的农户们都开始打造玫瑰园，而齐藤女士则担任栽培指导工作。“滝之入（地名）玫瑰园”的花朵一年比一年多，游客也一年比一年多，人们重新感受到了鲜花的魅力。然而，由于齐藤女士家中的玫瑰园访客络绎不绝，庭院不能按规划继续修建，因此她陷入了进退维谷的境地。齐藤女士思前想后，最后决定经营开放式花园兼咖啡馆，当然，开放时间是固定的。

“计划赶不上变化。咖啡馆是由小仓库改建而成的。我去红茶教室学习了怎样煮红茶，然后在卫生保健所申请了执照就开始营业了。过去我总想着大家是花钱来看玫瑰园的，顾虑很多，但现在大家是‘一边悠闲地啜饮红茶，一边闲聊，一边欣赏庭院景致’，这样一想，我的思路就打开了。对于我自己来说，能够不放弃园艺工作，而是更加集中精力继续从事下去是一件很开心的事。”

游客们成了齐藤女士的动力。她既能够投入自己热爱的园艺造景工作中，同时又能系统地学习关于玫瑰的知识、文化，她就这样深陷于玫瑰的世界无法自拔。按照惯例，她每年都会邀请NPO蔷薇文化研究所的野村和子老师来咖啡馆举办讲座，很受欢迎。

“虽说只是小小的玫瑰，却深深地吸引着我。栽培技术、园艺的系统知识等，这些学起来有些难的东西也有它们的价值不是吗？正因为学习这些知识不容易，所以当玫瑰盛开时，我才会特别开心。通过玫瑰，我邂逅了许多朋友，学到了许多知识，我感到非常幸福。”

用玫瑰花瓣制作蜂蜜玫瑰酱

矶部由美香

矶部由美香，曾参与有机蔬果的会员制送货上门公司的商品策划、设计制作等工作，自己还开了一家名叫 Tokotowa 的店，专营有机食材制成的蜂蜜果酱。这些蜂蜜果酱在各种销售活动中与线上商店等都很受欢迎。著有《用当季水果制作法式蜂蜜果酱》一书。

材料

水…350 毫升
蜂蜜…70 克
柠檬汁…35 毫升
玫瑰花瓣…40 克
琼脂…10 克
砂糖…10 克

制作方法

①向锅中倒入水和蜂蜜，用勺子将蜂蜜搅拌至溶化，加入柠檬汁后开火加热。沸腾后转小火，加入玫瑰花瓣，一边加热，一边搅动。

②加热 7 分钟后关火，尝味，如果觉得不够甜，可按自己的喜好加入蜂蜜（配方分量以外的）。

③将琼脂和砂糖混合在一起撒入锅中，一边搅动，一边继续加热 1 分钟。

* 成品可加入酸奶、奶油、奶酪中，也可浇在鲷鱼等制成的意式生鱼片沙拉上。
* 玫瑰花瓣的品种不同，颜色与香气强弱也不同。

现代月季

有部分品种能够开花至霜降时节。花开在新梢上，但在修剪时要考虑到整株的形态。

现代月季

现代月季中的“新古典主义”风格

在现代月季诞生约 100 年后，“龙沙宝石”（下图）问世。它是 1986 年由法国玫昂国际月季公司的玛丽 · 路易斯 · 玫昂培育出来的，是现代月季的代表性品种。“龙沙宝石”香气较弱，但易栽培，且生命力旺盛，在如今的月季品种中人气很高。

这一品种的特征与杂交茶香月季不同，外观偏复古，且是一季开花性。从分类上来说，在“法兰西”（1867 年出现）以后培育出的品种都算是现代月季，但人们将现代培育出的具有古典原变种特性的品种称为“古典玫瑰风月季”。

简而言之，人们追求的是月季原始的风姿，四季开花性的英国月季也包含在内。且不说这是否能够被称为新古典主义风格，但它也许已经成为衡量月季的新标准。

龙沙宝石

品种：藤本月季
产地：法国
可攀缘：约 300 厘米
花朵直径：9~12 厘米

花朵硕大，花型呈杯型。花瓣层层叠叠，中心晕染着粉色，色调十分优雅。花朵一般会开满整棵植株。（参考 89 页）

挑选月季的基础知识

嫁接

一般月季的根部会嫁接在砧木上。嫁接的部分长出茁壮、结实的茎十分重要，但要注意的是，如果是新苗（春苗），且嫁接还不到半年，拿起植株时若只拿树枝部分，砧木就可能会脱落。

花

5~7月的盆栽花苗带花，所以能够确认其开花状态。如果是新苗，基本上第一个春天是不开花的，所以要注意做好摘蕾工作，以促其长叶，促进植株发育。

品种标签

通过标签了解月季的品种名称，并确认其种类。如果是地栽，在挑选时就必须考虑植株长成后会有多大等问题。请务必确认月季的开花性等基本信息。

土

月季的品种与生产商不同，栽培用土也大有不同。如果想用花盆栽培，就要在盆中放入适合种植月季的营养土。在种植时要注意，不要将植株根部的土碰散。如果已经种植较长时间，就要根据季节与月季根的状态重新选盆、换盆。

花盆

稚嫩的新苗一般是种在小塑料花盆里的，因此要尽快决定种植之后如何管理。盆栽花苗在市场上售卖时就已经种在塑料花盆等较大的花器中，之后继续这样栽培也可以。要尽量选择良好的时机来换盆。

关于月季的叶片

月季的品种很多，其叶片的大小、颜色、形状也多种多样。其中，表面像打了蜡一般光滑的叶片叫作“光叶”。一般说来，光叶对病虫害的抵抗力较强。

月季花下面的叶子大部分是5片叶，但也有3片叶或7片叶的。芽一般长在5片叶的上面，叶子的片数也是修剪时需要参考的标准。有的月季品种甚至有9片叶。

英国月季

拥有古典而优美的风情与现代特性的月季

英国月季指由英国的月季育种家大卫·奥斯汀培育出的月季品种，十分美观。

20 世纪 60 年代，四季开花的现代月季风靡世界，十分受欢迎。它的花茎较硬，花朵昂首开放，且轮廓清晰、颜色丰富、色彩鲜艳，还有明显的特征——四季开花。英国月季虽然也被归类为现代月季的一种，但它却拥有与古典玫瑰相似的柔美外形——形态古典、色调淡雅。

奥斯汀培育的月季最初是一季开花性的，当时并没有在园艺界造成轰动，其后，随着四季开花性月季的问世，他开始逐渐声名远播。

英国月季的树形介于灌木性与藤蔓性之间，被归类为小灌木性（半蔓性），既可以种植在庭院中，又可以种植在花盆里，同时还有古典玫瑰易栽培的特点，现在为全世界园艺家们所喜爱。

仁慈的赫敏

品种：英国月季
产地：英国
株高：约 125 厘米
花朵直径：约 9 厘米

几乎完美无瑕的花形配上半透明的粉色色调，十分优美。散发着类似没药的浓香。（参考 69 页）

另一位月季育种家
彼得·比尔斯
（1936~2013 年）

彼得·比尔斯是与大卫·奥斯汀齐名的另一位英国月季育种家，他也无比钟情古典月季，人称“月季之神”。他在重新振兴英国古典月季的同时，从现代月季中挑选出具有古典月季特征的品种，也将这些品种归类为古典月季。

如果想欣赏切花，就要早摘

如果想将英国月季做成切花来欣赏，就要在花苞刚变软时将其剪下。注意要让花枝吸饱水分。

首席英国月季“康斯坦斯·斯普赖”

这一品种于1961年问世，堪称首席英国月季。花朵硕大，花型呈深杯型，具有浓郁的没药香气。它被人们评价为“比古典玫瑰更美丽的花”，时至今日，它依然是英国庭院中最常见的月季品种之一。它以近代插花艺术创始者——康斯坦斯·斯普赖女士的名字命名，她将插花的乐趣带给了英国的普通主妇。

大卫·奥斯汀

（1926~2018年）

David Austin

1926年，大卫·奥斯汀出生于英国什罗普郡，他从青年时起就作为业余的月季育种家开始改良月季品种。1961年，时值35岁的他培育出“康斯坦斯·斯普赖”（一季开花性），被人们奉为首席英国月季。1969年，他终于推出了四季开花性品种“巴斯夫人”。20世纪70年代，他培育出红铜色与橘黄色品种；80年代培育出杏黄色品种；90年代培育出有着鲜艳颜色的品种。在不到半个世纪的时间里，他总共培育出近200种优质月季品种。其中的代表性品种是“格拉汉·托马斯”，经过挑选，它进入世界月季联合会的“月季殿堂”。2003年，英国皇家园艺协会表彰了他对园艺所作出的贡献，授予他维多利亚十字勋章。2007年，他又荣获大英帝国勋章。

英国月季

查尔斯·雷尼·马金托什

杯型  

其花色是少见的浅紫色系，优美的杯型花朵很受欢迎。该月季品种以英国知名的建筑师查尔斯·雷尼·马金托什的名字命名。

株高约100厘米·花朵直径约7厘米

英格兰玫瑰

莲座型 

玫红色花朵不断反复开放至秋季，不易受到天气影响。随着花朵的开放，花型由浅杯型逐渐变为莲座型，具有浓郁的古典玫瑰香气。植株茁壮，能长成姿态优美的小灌木。

株高约150厘米·花朵直径约6厘米

修女伊丽莎白

莲座型 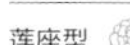  

花色为带有浅紫色的玫红色，花型与法国蔷薇相似，呈莲座型。具有浓郁的古典玫瑰香气，香气既甜美又辛辣。株型矮小，适合盆栽。

株高约100厘米·花朵直径约7厘米

云雀

杯型  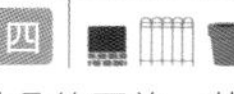

随着花朵的开放，花色由深粉色逐渐变为带有浅紫色的玫红色，不断反复开放。花型为半重瓣开杯型，可见花蕊，即使在英国月季中也属罕见。

株高约100厘米·花朵直径约8厘米

肯特公主

杯型 

花瓣很密，花朵硕大，花型为优美的深杯型，馥郁的淡茶香随着花朵的开放逐渐变为柠檬香。抗病性较强，作为香型月季值得推荐。

株高约125厘米·花朵直径约11厘米

艾伦·蒂施马奇

杯型   

这一品种继承了古典玫瑰的特征，深粉色花朵香气浓郁。枝条柔韧，可以做成多种造型。

株高约125厘米·花朵直径约10厘米

梅德·马里恩

莲座型 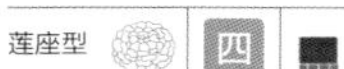 

花瓣外侧为白色，花朵由中心向外晕染着玫红色，有优雅的莲座型花型，在英国月季中可谓“艳压群芳”。四季不断反复开花。树形呈偏直立性的灌木。

株高约125厘米·花朵直径约8厘米

博斯科贝尔

莲座型  

橘色花朵富有韵味，散发出浓郁的没药香气。随着花朵的开放，花型由杯型逐渐变为莲座型。树形呈直立性，枝叶茂盛，植株茁壮。

株高约125厘米·花朵直径约9厘米

银禧庆典

莲座型   四

花朵硕大，花型呈莲座型，花色为橘色，花瓣下方带有金黄色，曾凭借怡人的香气在英国格拉斯哥获奖。反复开花至秋季。株高约100厘米 · 花朵直径约11厘米

梅吉克夫人

杯型 四 

花朵硕大，花型呈杯型，具有很强的视觉冲击力。花色为深粉色，随着花朵的开放，逐渐变为深玫红色。具有古典玫瑰的水果香气。

株高约125厘米 · 花朵直径约10厘米

草莓山

莲座型 四 

玫红色花朵不掺一丝杂色，花型为莲座型。植株反复开花，浓郁的没药香气中带有柠檬香。看上去十分有活力。

株高约125厘米 · 花朵直径约9厘米

海德庄园

莲座型 四 

粉色花瓣层层叠叠地堆积在一起，花型是典型的莲座型，能反复开花。抗病性很强。

株高约175厘米 · 花朵直径约7厘米

什罗普郡少年

莲座型 四 

最美的藤本性英国月季之一。粉色花朵的花型呈杯型，随着花朵的开放，逐渐变为富有魅力的莲座型。浓郁的茶香中带着果香。

株高约150厘米 · 花朵直径约10厘米

哈洛 · 卡尔

杯型 四

粉色花朵，花型呈浅杯型，散发出浓郁的古典玫瑰香气。开花时枝条几乎可垂到地面。可以修剪出饱满而富有魅力的树形。

株高约125厘米 · 花朵直径约6厘米

晨雾

单瓣型 四

硕大的粉色花朵，花型呈单瓣型，会反复开放。抗病性强，可以修剪出小灌木树形。秋季结橘红色果实，是观赏价值很高的品种。

株高约150厘米 · 花朵直径约9厘米

英国传统

杯型 四

花型呈杯型，拥有类似柠檬香的古典玫瑰香气。继承了“冰山”的血统，十分茁壮。可当作小型藤本月季来打理。株高约150厘米 · 花朵直径约7厘米

玛丽 · 罗斯

莲座型 四

它与“格拉汉 · 托马斯”一起构成了英国月季的基础品种，是十分优秀的品种。花型呈松散的莲座型。植株茁壮，在贫瘠的土地上也能茁壮生长，抗病性很强。

株高约125厘米 · 花朵直径约8厘米

奥尔布莱顿

杯型  四 

花瓣整齐有序，花朵中心可见纽扣心，作为四季开花性的蔓性蔷薇，观赏价值很高。生命力强，可以修剪出美观的树形。

可攀缘约350厘米 · 花朵直径约5厘米

索尔兹伯里夫人

莲座型  四

深玫红色花苞随着花朵的开放会变为玫红色，花朵次第开放。这一品种与古典玫瑰中的“白玫瑰”较为相似，其特征之一是叶片无光泽。

株高约125厘米 · 花朵直径约6厘米

威基伍德玫瑰

杯型  四 

花朵硕大，花型呈杯型，花色为粉色。花朵不断反复开放，属于古典玫瑰品种。拥有浓郁的香气，有着葡萄柚与公丁香的混合香气。植株茁壮。

株高约150厘米 · 花朵直径约9厘米

威斯利2008

杯型  四 

花色为淡粉色，随着花朵的开放，花型由浅杯型逐渐变为标准的莲座型。花朵不断反复开放。植株较高，十分茁壮，可以长成小灌木。

株高约150厘米 · 花朵直径约7厘米

安妮女王

莲座型  四 

“安妮女王”具有古典玫瑰的典雅之美。玫红色花朵为典型的古典玫瑰花型，散发出浓郁的古典玫瑰香气。

株高约125厘米 · 花朵直径约8厘米

夫人的腮红

半重瓣型 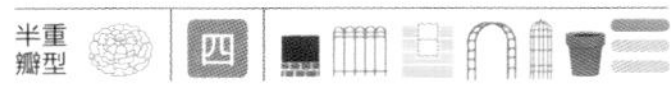 四 

在淡粉色、半重瓣的花朵中心，浅黄色花蕊与金黄色花蕊混杂在一起。饱满的灌木性树形富有魅力。

株高约150厘米 · 花朵直径约7厘米

韦狄

莲座型  四 

“韦狄”具有英国月季的许多优点。粉色花朵的花型呈莲座型。为小灌木性树形，适合种植在花坛里或作为地被植物。

株高约100厘米 · 花朵直径约8厘米

奥利维亚

杯型  四

淡粉色花朵的花型呈优雅的杯型，随着花朵的开放，逐渐变为浅杯状莲座型。四季开花性，抗病性较强。

株高约90厘米 · 花朵直径约8厘米

胭脂夫人

半重瓣型  四 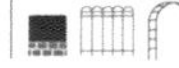

接近粉色的半重瓣花朵略微绽放，可见醒目的花蕊。枝条细长而柔软，花朵开满枝头的姿态很吸引人。

可攀缘300~350厘米 · 花朵直径约5厘米

安尼克城堡

杯型  

花瓣的颜色由内向外变浅，初夏开花至霜降时节。古典玫瑰香中带有覆盆子的香气。植株能长成优雅的灌木性树形。

株高约125厘米 · 花朵直径约10厘米

埃格兰泰恩（雅子）

莲座型 

这一品种是优质的英国月季之一，它几乎将英国月季的全部魅力集于一身。花朵硕大，花型呈莲座型。

株高约125厘米 · 花朵直径约10厘米

安妮·博林

莲座型  

花色为粉色，花型为莲座型，十分美观。花朵成簇开放，反复开花。它的枝条很适合用来装饰花门，植株也适合种植在花盆中，抗病性强。

株高约100厘米 · 花朵直径约6厘米

杰夫·汉密尔顿

四分莲座型  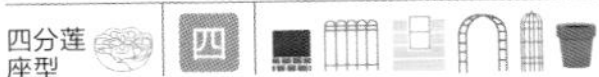

花瓣密集，花型呈四分莲座型，外侧花瓣泛白、翻卷，与花朵中心的花瓣相映成趣，花形富有魅力。抗病性强。

株高约150厘米 · 花朵直径约8厘米

凯瑟琳·莫利

杯型

花朵硕大，花型呈浅杯型，花色为柔美的粉色，反复开花。花朵带有一种早期英国月季的风情，在凉爽的气候条件下能够开出很美的花朵。

株高约150厘米 · 花朵直径约10厘米

詹姆斯·高威

莲座型  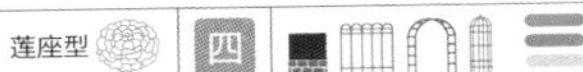

花朵硕大，中心为粉色，边缘为白色。刺很少，也可当作藤本月季来打理。抗病性强，可用于装饰墙面及花篱、花门。

株高约150厘米 · 花朵直径约10厘米

仁慈的赫敏

杯型   

花朵硕大，花型呈浅杯型，花瓣密集、层层叠叠，属于古典玫瑰中的典型花型。反复开花。花瓣耐雨淋，散发出浓郁的没药香气。

株高约125厘米 · 花朵直径约9厘米

瑞典女王

杯型 

淡粉色花朵在初绽时呈紧紧闭合的杯型，随着花朵的开放逐渐变为打开的浅杯型。无论在花朵开放的哪一阶段都能观赏到其高雅的美。也适合用作切花。

株高约125厘米 · 花朵直径约7厘米

银莲花

杯型 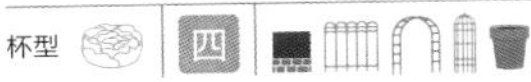

花朵盛开时同莲花一样，淡粉色、优雅的大花朵在风中轻轻摇曳。适合在风格自然、清新的花园中栽培。

株高约125厘米 · 花朵直径约7厘米

权杖之岛

杯型 四

花色为粉色，外侧的花瓣颜色偏浅，可见花蕊，花型呈杯型。花朵拥有浓郁的没药香气，曾荣获“杰出香气月季”奖。株高约125厘米 · 花朵直径约9厘米

斯卡堡集市

杯型 四

富有白玫瑰的魅力。花朵初绽时呈小巧的杯型，随着开放逐渐打开，最后可见金色花蕊。由于株型矮小，所以很适合种植在花盆中。

株高约100厘米 · 花朵直径约6厘米

莫蒂默 · 赛克勒

杯型  

花色为淡粉色，外侧的花瓣颜色偏浅，花朵硕大，花型呈浅杯型，整体的风格优美。植株少刺，易打理，可以用来装饰墙面或花篱、花门等。株高约150厘米 · 花朵直径约7厘米

圣斯威辛

杯型 

花朵硕大，花型呈杯型，花色为淡粉色，具有浓郁的没药香。抗病性强，也能作为藤本月季来打理，可以用来装饰花篱或花门等。

株高约150厘米 · 花朵直径约8厘米

夏莉法 · 阿斯马

莲座型 

这一品种十分优美，被誉为英国月季的“首席美人”。随着浅粉色花朵的开放，花型由杯型逐渐变为莲座型，具有浓郁的水果香。

株高约125厘米 · 花朵直径约8厘米

约翰 · 贝杰曼爵士

莲座型  

在英国月季中，这一品种体现出的现代月季的特征是最多的。花朵硕大，花型呈莲座型，花色为深粉色，反复开花，抗病性也很强。

株高约100厘米 · 花朵直径约7厘米

爱丽丝小姐

莲座型  

花朵初绽时呈淡粉色，随着开放，花瓣边缘逐渐变白。花朵富有典型古典玫瑰的魅力，散发出古典玫瑰的香气。植株矮小。

株高约100厘米 · 花朵直径约6厘米

自由精神

杯型  

这一品种具有典型古典玫瑰的优点，标准的杯型花朵随着开放由淡粉色逐渐变为浅紫色。若任其生长，能长成藤本月季，用途广泛。

株高约150厘米 · 花朵直径约8厘米

格特鲁德·杰基尔

莲座型 

早期培育出的英国月季，香气浓郁且十分美观，受到人们的广泛好评。花朵硕大，花型呈莲座型，可以长成小型藤本月季，适合用来装饰花篱或花门等。株高约150厘米·花朵直径约10厘米

塔姆·奥山特

莲座型 四

花色为鲜艳的粉色，花朵反复开放。植株为小灌木性，可以当作小型藤本月季来打理。抗病性强，十分茁壮。株高约150厘米·花朵直径约8厘米

五月花

莲座型 四

花型为典型的莲座型，花朵反复开放。抗病性强，十分茁壮，同时也具有耐寒性。花朵会散发出浓郁的古典玫瑰香气。

株高约125厘米·花朵直径约6厘米

年轻的利西达斯

杯型 

这一品种具有古典玫瑰的古典美。花朵硕大，花型呈杯型，会保持完整的花形直到凋谢，反复开花，花色为洋红色，香气扑鼻。

株高约125厘米·花朵直径约9厘米

安妮公主

莲座型 四

花朵初绽时花色基本为红色，随着开放逐渐变为深粉色，花瓣底部后期会呈黄色。植株为小灌木性，花朵从初夏开始反复开放至晚秋。

株高约125厘米·花朵直径约8厘米

皇家庆典

杯型 

枝条与白玫瑰的枝条很相似，十分纤细。花朵硕大，花型呈杯型。植株少刺，抗病性很强，花朵会散发出浓郁的水果香。株高约150厘米·花朵直径约10厘米

康斯坦斯·斯普赖

杯型 一

这一品种堪称雍容华美的藤本月季之一，是大卫·奥斯汀的处女作。花朵硕大，花型呈杯型。可攀缘约300厘米·花朵直径约12厘米

温德米尔

杯型  四 

花朵在沐浴阳光后，花色由乳白色逐渐变为纯白色。花朵会散发出浓郁的水果香，令人联想到柑橘。树形端正、秀美，植株少刺且抗病性强，易打理。

株高约100厘米 · 花朵直径约7厘米

威廉和凯瑟琳

杯型  四

杏黄色花苞在开放后立刻变为白色。花型呈典型的杯型，十分美丽，是生命力强的品种，树形呈竖长的直立性。

株高约125厘米 · 花朵直径约8厘米

卡德法尔兄弟

杯型 四

花朵硕大，花型呈深杯型，很像芍药，反复开花。秋季时花朵略小一些，但香气浓郁，是生命力强的月季品种。可以用来装饰花篱或花门等。

株高约125厘米 · 花朵直径约10厘米

温彻斯特大教堂

莲座型  四 

该白月季拥有“玛丽 · 罗斯”的血统，以植株茁壮而闻名。枝繁叶茂，花期固定。花朵会散发出浓郁的古典玫瑰香气，混合着蜂蜜香与杏仁香。

株高约125厘米 · 花朵直径约8厘米

邱园

单瓣型  四

这一品种的最大特征是植株几乎无刺。花苞为杏黄色，绽放后变为纯白色。花型为单瓣型，花朵较大，反复开花，是生命力强的品种。

株高约150厘米 · 花朵直径约6厘米

费尔柴尔德先生的巧妙

杯型 四 

花瓣内侧为略带浅紫色的深粉色，呈卷曲状，越往外颜色越浅。花朵硕大，花型呈杯型，会散发出浓郁的水果香。

株高约150厘米 · 花朵直径约10厘米

格拉姆斯城堡

杯型 四 

纯白色花朵的花型呈杯型，具有明显的古典玫瑰的特征，散发出的没药香气怡人。花朵不是特别大，反复开花。适合种植在花境前或花盆中。

株高约100厘米 · 花朵直径约8厘米

福斯塔夫

四分莲座型 四 

该月季品种是红、紫色系英国月季中较优质的品种。随着花朵的开放，花色由深红色逐渐变为紫色。花朵硕大，花型呈四分莲座型，具有浓郁的古典玫瑰香气。

株高约125厘米 · 花朵直径约9厘米

雪雁

绒球型 

像小雏菊一般的花朵，成簇开放，反复开花，这在藤本月季中很少见。可以用来装饰墙面、花篱或花门等。抗病性较强，易栽培。

可攀缘约240厘米 · 花朵直径约4厘米

苏珊 · 威廉姆斯 · 埃利斯

莲座型 四

这一品种是“五月花”月季的变异品种，具有茁壮、浓香等特征。从初夏开始反复开花至晚秋。香型是典型的古典玫瑰香。

株高约125厘米 · 花朵直径约6厘米

安宁

莲座型  

花苞略微透着黄色，圆形花瓣排列整齐，开花时花色变为纯白色，花型呈莲座型。植株笔直向上生长，枝条末端向外弯曲，形成弧形树形。

株高约125厘米 · 花朵直径约8厘米

慷慨的园丁

杯型  

淡粉色花朵的花型呈美丽的杯型。有着藤本月季的特征，在短时间内就能长成茁壮的藤本月季。抗病性很强，是生命力强的品种。

株高约150厘米 · 花朵直径约9厘米

沃勒顿老庄园

杯型  

花朵有浓香。花苞呈深红色，绽放后由黄色逐渐变为淡奶油色。树形呈直立性，相比较而言算是少刺的品种。

株高约150厘米 · 花朵直径约8厘米

利奇菲尔德天使

杯型  

花朵硕大，花型呈浅杯型，随着花朵的开放逐渐变为莲座型，花色为杏黄色。花朵开放时垂头，姿态优美。

株高约125厘米 · 花朵直径约9厘米

克莱尔 · 奥斯汀

杯型  

精致的杯型花朵很美，反复开花，香气浓郁，是较优质的品种。树形能够长成优雅的弧形，是茁壮的品种。

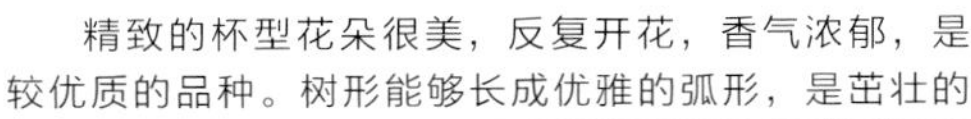

株高约150厘米 · 花朵直径约10厘米

夏洛特夫人

杯型 四

肉粉色花朵散发出茶香月季的香气，反复开花。植株上的刺较少，树形能够长成圆润的拱形，是英国月季中较易栽培的品种。

株高约125厘米 · 花朵直径约8厘米

圣塞西利亚

杯型 四

拥有杯型花型，浅杏黄色的花色随着花朵的开放越来越淡，最终变白，花形优雅。植株反复开花，由没药香、柠檬香与杏仁香混合在一起的浓香也富有魅力。 株高约100厘米 · 花朵直径约9厘米

抹大拉的玛丽亚

莲座型 四

花色接近浅杏黄色，丝绸般的花瓣环绕着纽扣心，形成莲座型花型。花朵散发出浓郁的没药香气。植株矮小。 株高约90厘米 · 花朵直径约7厘米

女园丁

四分莲座型 四

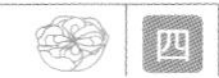

花朵硕大，花型呈四分莲座型，花色为杏黄色。植株在短期内反复开花。在浓郁的茶香中混合着香草香与木香。 株高约100厘米 · 花朵直径约8厘米

战斗的勇猛号

半重瓣型 四

花色为杏黄色，色调富有个性，花朵硕大，成簇开放。植株只需两三年就能长成富有魅力的、饱满的小灌木，是生命力很强的品种。

株高约150厘米 · 花朵直径约10厘米

阳光港

莲座型 四

杏黄色花朵的花型呈平展状莲座型，植株反复开花。花朵会散发浓郁的茶香。植株偏直立性，适合用来美化墙面。抗病性强。

株高约150厘米 · 花朵直径约8厘米

茶快船

四分莲座型 四

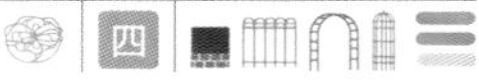

花色为杏黄色，花型呈四分莲座型。拥有茶香、没药香、水果香等混合在一起的香气。植株上几乎无刺，茁壮。 株高约125厘米 · 花朵直径约10厘米

卡罗琳骑士

杯型 四

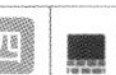

这一品种是“夏日之歌”的变异品种，花朵硕大，花型呈优美的杯型，柔和的金黄色花色独具个性。植株较高，笔直地生长，几乎无刺。

株高约125厘米 · 花朵直径约8厘米

云雀高飞

杯型 四

浅杏黄色花朵大小中等，半重瓣，花型呈深杯型，给人一种轻快的感觉。树形高大、饱满。抗病性强，是生命力强的品种。

株高约150厘米 · 花朵直径约7厘米

牧羊女

杯型 四

美丽且匀称的杏粉色花朵的花型呈深杯型，反复开花，散发出类似柠檬的水果香。株型矮小，因此适合种植在花境前或花盆中。是生命力强的品种。 株高约100厘米 · 花朵直径约8厘米

玛格丽特王妃

莲座型 四

花朵硕大，花型呈匀称的莲座型。花色为杏黄色，反复开花。株型较大，用来装饰花篱或花门的效果十分理想，会散发出浓郁的水果香。

株高约150厘米 · 花朵直径约12厘米

亚伯拉罕·达比

杯型 四

这一品种集美丽、茁壮、香气怡人等优点于一身，十分受大众喜爱。花朵硕大，花色为粉色中晕染杏黄色，反复开花。若任其生长，能长成小型藤本月季。 株高约150厘米 · 花朵直径约8厘米

珍妮特

莲座型 四

花朵刚开放时，花型为高芯型，随着开放，花色逐渐变为晕染着红铜色的深粉色，花型变为莲座型。花朵散发的茶香浓郁，可以用来装饰花篱或花门等。

株高约125厘米 · 花朵直径约10厘米

格蕾丝

莲座型 四

花朵硕大，花色为杏黄色，花形优美且具有浓郁的水果香气。枝条柔韧，呈弧形。可以搭配“黄金庆典”一起种植，更能衬托出其美丽。

株高约100厘米 · 花朵直径约7厘米

威廉 · 莫里斯

莲座型 四

花型饱满，花色为柔美的杏粉色，花朵茶香浓郁。植株长势旺盛，树形可生长成拱形，适合用来装饰墙面、花篱或花门。

株高约150厘米 · 花朵直径约7厘米

甜蜜朱丽叶

莲座型 四

杏黄色花朵十分美丽，反复开花。树形呈直立性。花朵散发出的茶香浓郁，植株茁壮，是不论从何种角度观赏都富有魅力的品种。

株高约125厘米 · 花朵直径约8厘米

红花玫瑰

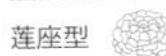

莲座型 四

花色为杏黄色。花朵硕大，初绽时花型呈杯型，随着开放逐渐变为莲座型。反复开花，抗病性、耐寒性俱佳，能够茁壮生长。

株高约125厘米 · 花朵直径约10厘米

伊芙琳

杯型 四

花朵在杏黄色中略微透出粉色，杯型花朵看起来雍容华贵，植株反复开花。这一品种最大的特点就是香气怡人，它能令你深切地感受月季之美。 株高约125厘米 · 花朵直径约10厘米

夏洛特·奥斯汀

杯型 四

淡黄色花朵的花型呈杯型，富有魅力。其特征是耐寒性强，是值得推荐给园艺入门者栽培的茁壮品种。植株较为矮小，适合在花盆中栽培。

株高约125厘米·花朵直径约10厘米

黄金庆典

杯型 四

花朵硕大，花型呈杯型，花色为金黄色，给人高贵、典雅之感。香气浓郁，植株反复开花，是茁壮、优良的品种。植株可以生长成小型藤本月季，可用来装饰花篱或花塔。

株高约125厘米·花朵直径约12厘米

查尔斯·达尔文

杯型 四

在英国月季中算是花朵较大的品种之一。深黄色花瓣层层叠叠地生长在一起，花型呈浅杯型。植株反复开花，花朵会散发出茶香与柠檬香混合在一起的浓郁香气。

株高约125厘米·花朵直径约9厘米

朝圣者

杯型 四

明黄色花朵呈匀称的浅杯型，花量很多。若任其生长，可以长成小型藤本月季，适合用来装饰花篱或花门等。

株高约150厘米·花朵直径约8厘米

诗人的妻子

莲座型 四

花色为明黄色，花瓣整齐，在花朵开放时，外侧花瓣会包裹住内侧花瓣。清爽的柠檬香随着花朵的开放逐渐变得甜美、浓郁。

株高约120厘米·花朵直径约8厘米

香槟伯爵

杯型 四

花色为深黄色，小巧可爱的杯型花朵次第开放。花朵散发出混合着蜂蜜香与麝香的浓郁香气。建议种植在花盆中或花境前。

株高约125厘米·花朵直径约7厘米

格拉汉·托马斯

杯型 四

这一月季是英国月季的基础品种，入选“月季殿堂”。花色为明黄色，花朵硕大，花型呈杯型，若任其生长，能长成小型藤本月季。

株高约150厘米·花朵直径约7厘米

欢笑格鲁吉亚

杯型 

这种黄色月季十分精致，花型呈杯型。花朵散发着浓郁的茶香，反复开花。植株的抗病性强，可以用来装饰花篱或花门等。

株高约150厘米·花朵直径约10厘米

无名的裘德

杯型 四

这一品种是较优雅的英国月季之一。杏黄色大花朵的花型呈杯型，十分美丽，散发着浓郁的水果香气。

株高约125厘米·花朵直径约8厘米

布莱斯之魂

杯型 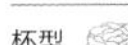 

小巧可爱的黄色杯型花朵次第开放，反复开放至秋季。适合种植在花境中。抗病性很强。

株高约125厘米·花朵直径约7厘米

巴特卡普

半重瓣型 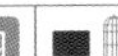 

这一品种的魅力在于其花朵在风中摇曳的姿态十分优美，其花瓣比半重瓣多一些。

株高约150厘米·花朵直径约8厘米

莫林纽克斯

莲座型 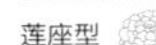 

花朵大小中等，花型呈莲座型，花色为深黄色，植株反复开花，抗病性很强，是非常实用的品种。本品种曾获英国皇家月季协会的香气奖及最佳新品种奖。

株高约100厘米·花朵直径约10厘米

马文山

莲座型 四

淡黄色花朵大小中等，花型呈莲座型，不断成簇开放。它是具有古典风情的四季开花性藤本月季，属于受大众喜爱的诺伊斯氏蔷薇。枝条纤细、少刺，易牵引。

可攀缘300~400厘米·花朵直径约4厘米

曼斯特德·伍德

杯型   

花朵硕大，花型呈杯型，花色为深红色，散发出浓郁的古典玫瑰的香气。植株矮小，反复开花。新叶与成熟叶片的颜色形成明显的对比。株高约100厘米·花朵直径约8厘米

托马斯·贝克特

莲座型  

鲜艳的红色花朵的花型随着开放逐渐变为莲座型。花朵开放时低垂，其姿态优美。植株十分茁壮。株高约125厘米·花朵直径5~8厘米

夏日之歌

杯型  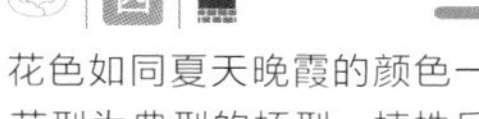

花色如同夏天晚霞的颜色一般。花型为典型的杯型，植株反复开花，树形呈直立性，可以通过修剪调整植株的大小。株高约120厘米·花朵直径约8厘米

布莱斯威特

杯型   

花朵硕大，花型呈杯型，在红色系英国月季中光彩夺目。有着“玛丽·罗斯”的血统，是茁壮的品种。花色鲜艳，花形高雅，能将花园点缀得绚丽多姿。株高约150厘米·花朵直径约9厘米

希斯克利夫

莲座型 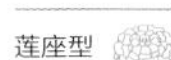  

花朵硕大，花型呈莲座型，花色为深红色，十分美丽，同时具有法国蔷薇的柔美。树形呈直立性，植株茁壮。以名著《呼啸山庄》中的主人公的名字命名。株高约100厘米·花朵直径约10厘米

艾玛·汉密尔顿夫人

杯型   

艳丽的橘色花朵的花型呈杯型，与暗绿色叶片相互映衬。植株反复开花，花朵香气浓郁，是茁壮的品种。树形呈直立性，植株大小中等。株高约125厘米·花朵直径约8厘米

威廉·莎士比亚 2000

杯型   

它是深红色英国月季中的优质品种之一。随着花朵的开放，花型由深杯型逐渐变为浅杯型，花色由深红色变为紫红色。香气浓郁，植株反复开花。株高约125厘米·花朵直径约10厘米

帕特·奥斯汀

杯型  

花朵硕大，花型呈深杯型，红铜色的花色令人印象深刻，散发出浓郁的香气。可以当作小型藤本月季来打理。大卫·奥斯汀用妻子的名字为这一品种命名。株高约125厘米·花朵直径约10厘米

本杰明·布里顿

杯型 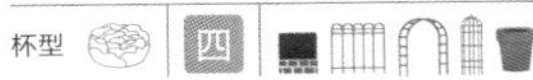 四

花色在红色系英国月季中十分罕见，略带橘色。随着花朵的开放，由肉粉色、深杯型逐渐变为粉色，以及略呈现出杯状的莲座型。花朵散发出浓郁的水果香气。 株高约125厘米·花朵直径约9厘米

克里斯托弗·马洛

莲座型  四

红色中略微透着橘色的花色在英国月季中十分少见。随着花朵的开放，莲座型花朵外侧逐渐变为肉粉色。株型矮小，散发着浓茶香。 株高约75厘米·花朵直径约8厘米

达西·布塞尔

莲座型  四 

这一品种在红色系英国月季中抗病性最强。深红色花朵的花型呈莲座型，散发着怡人的水果芳香。株型矮小，适合用花盆栽培。

株高约100厘米·花朵直径约8厘米

苏菲的玫瑰

莲座型  四  

花朵硕大，花型呈莲座型，花色为艳丽的红色，不断开花。很适合种植在花坛内，可以通过修剪使植株生长得矮小一些。植株的耐寒性、耐暑性俱佳。

株高约100厘米·花朵直径约8厘米

黑影夫人

莲座型 四 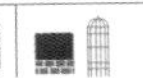

这是红色系英国月季中较优良的品种之一。花朵硕大，花型呈莲座型，花色为深红色，花朵反复开放。它耐寒性强，非常茁壮。

株高约100厘米·花朵直径约10厘米

德伯家的苔丝

杯型   四 

花朵硕大，花型呈深杯型，花色为深红色，在枝条上垂头开放的姿态十分优雅。由于栽培方式不同，株型有高有矮。以托马斯·哈代的小说《德伯家的苔丝》中主人公的名字命名。 株高约120厘米·花朵直径约8厘米

王子

莲座型  四 

花朵初绽时花色为深红色，随着花朵的开放，逐渐变为紫色。花朵散发着古典玫瑰的浓香。在温暖的气候条件下更易栽培。

株高约100厘米·花朵直径约10厘米

英国月季的鉴赏方法

金子治雄

新月季品种的诞生

英国月季的问世丰富了 20 世纪的园艺玫瑰世界。直到 20 世纪 80 年代，玫瑰的世界大都被灌木性的杂交茶香月季占据着，而在当时属于新品种的英国月季既拥有古典玫瑰的柔美与芳香，又有着现代月季缤纷的花色与四季开花性。

在日本，人们是从 20 世纪 90 年代中期开始种植英国月季的。

引进月季的花卉贸易

月季是国际性商品，在买卖时需要月季进行过种苗注册。

月季拥有数千年的栽培历史，虽然有些品种是在不经意间出现的，有些品种是通过计划培育出来的，但绝大多数品种都是人为培育、管理，并且作为商品苗木大量种植的。在日本，记录月季的培育者及育出年份的种苗注册制度是从 19 世纪开始的。现在，以销售为目的的所有月季品种几乎都进行过种苗注册。

在月季的世界里，英国月季是首次给人以“品牌”印象的品种。在它问世以前，即使是同一培育者培育出的月季品种也很难给人留下统一的印象，但自从英国月季问世起，每个品种都按照相似的审美有计划地培育，每年都会定期发售具有一定水准的新品种。因此，对顾客而言，他们可以从符合“品牌”印象的英国月季中轻而易举地挑选出自己喜欢的品种。

从国外引进的英国月季品种就通过这样的花卉贸易而种植开来。

月季市场

月季一般分为两种，一种是“切花用品种”，另一种是“园艺用品种”。顾名思义，切花用品种就是在种植园中种植，然后摆在花店里当作切花出售的品种；园艺用品种则是以园艺种植为前提培育出的品种。据说，全世界每年都有近千种新品种月季发售，但几乎一大半都是切花用品种。

园艺用品种为何比较少呢？这是因为它们是专为园艺爱好者培育的。抗病性较差、娇弱的月季就不具备作为园艺用品种的资质。因此，为了鉴别某个品种是否具备抗病性，就需要将其种植在花园中检验若干年，之后才能判断其是否能进入市场进行销售。

自英国月季引进日本以来已经过去了 20 多年，虽然它的外观看起来很娇弱，但与其他现代月季相比，并不算是栽培难度大的品种，更何况现在还引进了许多适宜在日本的气候条件下种植的品种。

位于大卫·奥斯汀月季公司总部（英国奥尔布赖顿）的“文艺复兴花园”。

为了防止装在木箱中空运的月季种苗干枯而进行保湿

摘除花瓣后收集花粉

去除雄蕊，用毛笔将花粉涂抹在雌蕊上进行授粉

用特制的培养土将种苗种植在塑料花盆中

授粉后结出果实，从中采集种子

园艺潮

20 世纪 90 年代的英国园艺潮与几乎在同一时期问世的英国月季一起改写了月季的命运。在此之前，人们在园艺鉴赏中只观赏灌木系（灌木性）月季的花朵，而在此之后，人们的鉴赏方式得以扩展，开始观赏凭借惊人花量与柔美花色使植株整体十分协调、美观的小灌木系（半蔓性）园艺月季品种。

英国的种苗栽培

英国月季是在英国的大卫 · 奥斯汀专用的种植园中通过嫁接栽培出来的。日本国产月季大部分都以“野蔷薇”为砧木，但进口苗木则使用了名叫“疏花蔷薇”的原种蔷薇做砧木。

野蔷薇的根系是横向扩张生长的，而疏花蔷薇的根系是向斜下方生长的。疏花蔷薇的砧木在长出侧根前要避免处于湿漉漉的状态，因此，在苗木时期需要注意不要过度浇水。不过，一旦砧木上长出侧根，植株就能茁壮生长。

在 11 月来到这里

上一年在英国嫁接到砧木上培育好的种苗，到下一年秋天会被连根掘起。为了检疫，要将其根部清洗干净，然后在不带土的裸苗状态下打好包，空运到日本。到达日本的种植园后，要再次对裸苗进行消毒，然后趁其根部没有干枯时迅速植入盆中。

将裸苗植入盆中后，用冷布覆盖种苗，放置在户外的花田中充分缓苗。大约在 20 年前，种苗进口尚未开始，缓苗都是在温室内进行的，

10 月份植入盆中

冬季是缓苗期

4 月是发芽的时节

而现在即使在隆冬也会在屋外进行缓苗。这是因为在温室进行栽培，虽然种苗的发芽时间早，但根部发育不完全，植株生命力弱。而放在室外则能让种苗充分沐浴阳光，在冬季慢慢地长出侧根。

种苗一般是种植在 7 号方盆中出售的。对于月季来说，种植用土的用量很关键。之所以使用 7 号方盆，就是考虑到即使顾客在购买种苗后不换盆，这种方盆也能够使用一整年。

一到春天，月季的长势就会变得十分旺盛。月季一边吸收水分和养分，一边发芽，5 月份开第一次花、6 月份开第二次花、7 月份开第三次花，在连续开花后就迎来了日本的夏季酷暑。然后秋季又会开花，一直开到晚秋，直到初冬时节才开始休眠。月季的根系就在这狭小的花盆中进行着所有的生长活动。

维持土壤的团粒结构是种植用土一定要满足的一个重要条件。具有团粒结构的土壤含有充足的空气，能确保土壤的保水性与透气性。在这种土壤中，微生物的活动能够活性化，更有利于月季的根系吸收水分及养分，种苗能够不受阻碍地生长。因此，在种植园里，人们会在适合的混合用土中加入特殊的氨基酸发酵肥料来种植。

挑选方法

月季是供人们观赏的植物。然而，构思好将其种在何种场所、如何造型，比让它开出怎样的花更为重要。

选购月季时，要预先考虑好栽培场所再挑选品种。是想让月季在花篱和花门上攀缘呢？还是想将它栽培成直立的灌木呢？无论如何，在栽培前都要先决定好月季的观赏方式。

英国月季既可以培育得很高大，也可以培育得很矮小，可凭个人喜好选择。

如果想使英国月季长得矮小一些，那通过修剪植株就能达到目的。不过英国月季真正的价值在于它开花时如同瀑布一般的花量，而一些高大的月季品种才能发挥这一优势，这也是非常关键的一点。

不仅是英国月季，要想使种植在庭院中的月季发挥其真正的价值，至少要等 3 年。

3 年后，攀缘在花篱与花门上的英国月季长势超乎你的想象，每当你看到它们，对月季栽培的信心都会高涨起来！

金子治雄，园艺家。在从 1994 年开始兴起的英国园艺潮中，曾负责某大型家居建材商店的市场销售工作，专门从大卫 · 奥斯汀月季公司等英国公司引进小灌木性月季。现在他在实野里月季公司从事月季顾问活动。

照片提供 / 大卫 · 奥斯汀月季公司、实野里月季公司

月季的基本树形

按照树形分类，月季一般可分为灌木性（灌木、树状月季）、半蔓性（小灌木性）、藤蔓性（攀缘、藤本月季）3 类。

分别根据不同的性质，它们又可细分为花茎坚硬的品种及扩张性强的品种等。

只考虑花色及人们对花香的喜好是不够的，还要考虑到一株月季栽培数年后会长成什么样的树形、株型的大小是否理想等。

灌木性（灌木）

植株向上生长的力量很强，茎也十分粗壮，花朵的特性是朝上开放。四季开花的现代月季及中国月季、香水月季等古典玫瑰都属于这一类。

藤蔓性（攀缘）

月季的品种不同，枝条长势也有所不同，但基本上都是进行牵引后做成某种造型来栽培。花形丰富，但根据植株上是否有刺、枝条的柔韧程度、植株的扩张性强弱等不同，整体管理的难度也不同。

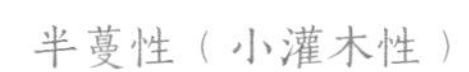

半蔓性（小灌木性）

有这样树形的月季既可以种植在花盆中，也可以利用矮花篱对其进行牵引。花的种类也十分丰富，选择范围很广。

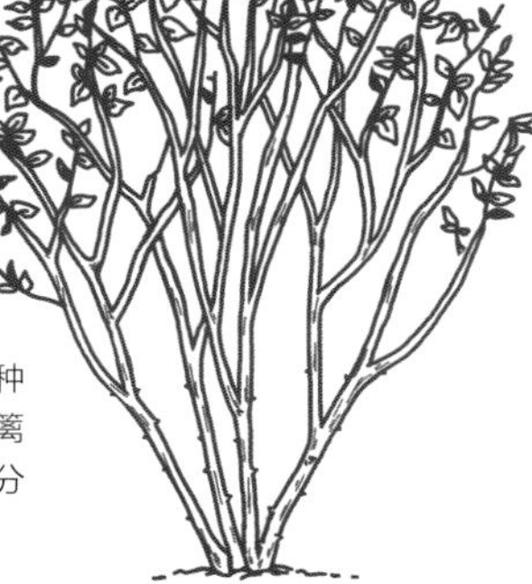

月季的大小

想象一下它在数年后会长到多大，再决定其栽培场所与牵引方法。

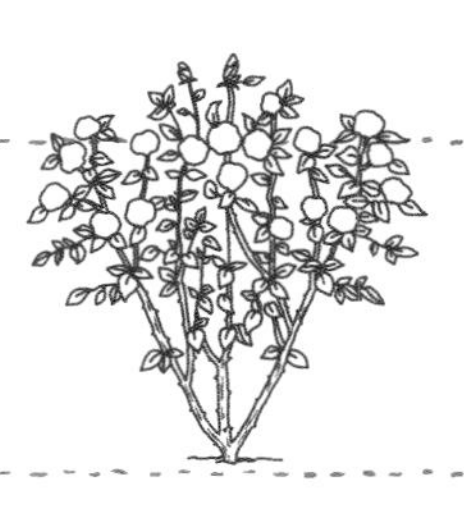

1 米以下

如果想种在花盆里或庭院内，最佳选择是那些地栽也很好养活的微型月季或多花蔷薇、杂交茶香月季等现代月季，以及花量很多的丰花月季。

1~1.5 米

英国月季等小灌木性品种要种植在大型花器中，也可以地栽。

1.5~2 米

这样大小的小灌木性、藤蔓性品种建议利用花篱、墙面等进行牵引栽培。要考虑到庭院的布局。

2 米以上

这样大小的品种建议当作藤本月季来打理。最好将植株固定在高大的花篱或墙面上。一季开花的品种在春天有较高的观赏价值，枝叶很有韵味。

玫昂

法国玫昂国际月季（玫瑰）公司是诞生于19世纪后期的知名法国园艺育种公司。培育出了“和平”等众多名花。其培育出的月季品种的特征是洋溢着热情的绚丽色彩及浓郁的花香。

皇家胭脂

四分莲座型  四

香气怡人，花朵硕大，深红色花色非常引人注目。早春时易长盲枝，但不修剪盲枝也能开花。植株端正，频发新梢。要注意避免对植株强剪与施肥过多。

株高约150厘米 · 花朵直径约11厘米

维克多 · 雨果

半剑瓣型   四

花朵硕大，花色为大红色。花量多，虽然易栽培，但植株上多刺。冬季可对又粗又长的新梢进行强剪。以19世纪法国文豪维克多 · 雨果的名字命名。

株高约150厘米 · 花朵直径约15厘米

红色达 · 芬奇

莲座型  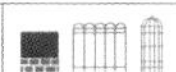 四

绯红色莲座型花朵看起来十分洋气，随着花朵的开放，逐渐透出粉色。枝条呈小灌木状，长势旺盛，可以当作造景月季来栽培。植株的抗病性、耐寒性俱佳。

株高约150厘米 · 花朵直径8~9厘米

凡尔赛玫瑰

剑瓣高芯型    四

深红色大花朵的质感如同天鹅绒一般，花量多，开放时间持久。树势旺盛，抗病性强。

株高约160厘米 · 花朵直径13~14厘米

鸡尾酒

单瓣圆瓣平展型  四

单瓣的红色花瓣与花蕊处的黄色交相辉映、对比鲜明，花朵开放次日，黄色会变为白色。花量多，花期晚，植株反复开花。枝条纤细、柔韧，易牵引，抗病性强。

可攀缘约200厘米 · 花朵直径6~8厘米

塞维利亚

半重瓣平展型 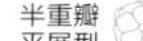  四

朱红色花朵的花型随着花朵的开放，由圆瓣高芯型逐渐变为半重瓣平展型，是十分茁壮、抗病性强的品种。一般用作造景，修剪时会保留大部分枝条，以增加花量。光照强的地方也能栽培。

株高100~120厘米 · 花朵直径约8厘米

克丽斯汀 · 迪奥

剑瓣高芯型   四

花色为鲜艳的大红色，单花，花量多。枝条长势旺盛，呈直立性生长。植株茁壮，但在潮湿的环境中要注意预防白粉病。

株高150~180 厘米 · 花朵直径10~15厘米

摩纳哥王子银禧

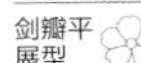

剑瓣平展型 四

花朵硕大，花色从白色渐变为鲜艳的红色，花量多。树势旺盛，植株呈扩张性生长，枝繁叶茂。是摩纳哥公国已故雷尼尔三世大公即位 50 周年的纪念品种。

株高约80厘米 · 花朵直径约10厘米

玫昂爸爸

半剑瓣高芯型 四

这一品种是黑玫瑰中的一种，香气浓郁，瓣质佳，开放时间也很持久。需要注意预防白粉病、黑星病，定期喷洒农药。以培育者祖父安东尼 · 玫昂的昵称命名。

株高约150厘米 · 花朵直径约15厘米

图卢兹 · 罗特列克

圆瓣芍药型 四

花瓣的数量有 80 多片，花量多。作为切花很受欢迎。植株呈直立性，枝条纤细、易下垂，因此最好利用支柱进行牵引，且注意不要施肥过多。

株高约150厘米 · 花朵直径约8厘米

安德烈 · 勒诺特尔

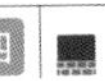

半剑瓣莲座型 四

花朵硕大，花色为柔和的杏粉色，具有古典玫瑰的风情，一年四季都开放。适合种植在狭小的庭院中。由于其经不起雨淋，所以最好种植在屋檐下。

株高130~150厘米 · 花朵直径约12厘米

收获

半剑瓣型 四

花朵初绽时为杏黄色，随着开放逐渐变为如同火烧云一般的朱红色。花量大，开放时间持久，花朵盛开时如瀑布般覆盖整个植株。植株呈半扩张性生长，分枝频繁，植株茁壮。

株高70~80厘米 · 花朵直径6~8厘米

美人的浪漫

杯型 四

深黄色小花朵缀满枝头。枝条呈半藤蔓状生长，树势旺盛，因此，也可以作为藤本月季来种植。植株的抗病性强，是茁壮、易栽培的品种。

株高约180厘米 · 花朵直径约6厘米

乌玫洛（居里夫人）

波状瓣环抱型 四

杏粉色花朵的中心晕染着橘色，外瓣呈波浪状。花期长。虽然植株呈直立性，但由于其枝条长势旺盛，所以也可以当作藤本月季种植在狭小的空间里。

株高150~200厘米 · 花朵直径7~8厘米

和平

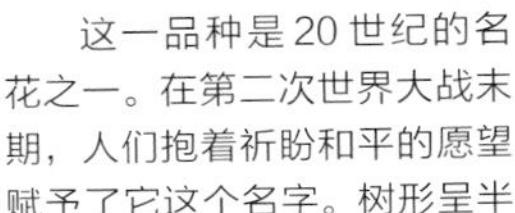

半剑瓣高芯型 四

这一品种是 20 世纪的名花之一。在第二次世界大战末期，人们抱着祈盼和平的愿望赋予了它这个名字。树形呈半扩张性，易栽培。它在月季改良的历史上扮演着重要角色。

株高约120厘米 · 花朵直径13~16厘米

粉红豹

半剑瓣高芯型 四

花量多，开放时间持久，抗病性强，易栽培，非常适合新手种植。枝条呈半藤蔓状，长势旺盛，植株能长得很高大。为使其在秋季开花，要在每年8月中旬至下旬进行修剪。

株高约180厘米 · 花朵直径12~13厘米

麦卡特尼

半剑瓣高芯型 四

花量大，既有单花，也有成簇开放的花朵，抗病性强。植株长势旺盛，夏末即可长成半藤蔓状。它是以歌手保罗·麦卡特尼的名字来命名的。

株高120~150厘米 · 花朵直径约12厘米

伊芙伯爵

波状瓣芍药型 四

带有玫红色褶边的花瓣层层叠叠地紧贴在一起，花朵硕大，花形看起来雍容华贵。既有单花，也有成簇开放的花朵，树形呈半扩张性，株型端正。 株高约100厘米 · 花朵直径约14厘米

达·芬奇

四分莲座型 反

花朵硕大，成簇开放且瓣质佳，花型优美，花量多，花期长，能观赏较长时间。新梢中等粗细、柔韧，是易牵引、栽培的品种。

株高100~120厘米 · 花朵直径8~10厘米

仙境

圆瓣平展型 四

花瓣表面为玫红色、背面为白色，有些花朵还带有白色的镶边和条纹。多花，花朵成簇、反复地开放。植株呈半扩张性生长，只需轻剪一下就能增多花量。

株高80~100厘米 · 花朵直径约6.5厘米

摩纳哥公主

半剑瓣高芯型 四

花瓣在白底中带粉色镶边，花量多，开放时间持久，花朵十分雅致。植株稍有些不耐暑，四季开花性，枝条硬挺，十分适合用作切花。

株高约120厘米 · 花朵直径12~15厘米

博尼卡 82

圆瓣平展型 四

花量多，花朵开放时如瀑布般覆盖整棵植株，呈大簇、爆发式开放。植株上会结许多果实，因此要将花蒂剪除。抗病性、耐寒性俱佳，是茁壮、易栽培的品种。

株高80~100厘米 · 花朵直径约7厘米

蒂诺·罗西

半剑瓣高芯型   

粉色大花朵中心呈深粉色，花形优美。植株发枝频繁，虽然生长缓慢，但抗病性强。

株高100~120厘米·花朵直径约9厘米

龙沙宝石

杯型  

粉色花瓣越靠近花朵外侧越泛白，花型具有古典风情，是很受欢迎的品种。花朵成簇开放、垂头，花量多，开放时间持久。是攀缘性强的藤本月季，修剪枝条后能开很多花。

可攀缘约300厘米·花朵直径9~12厘米

白色龙沙宝石

莲座型  

它是“龙沙宝石”月季的枝变异品种，花朵中心的粉色随着开放逐渐变为纯白色。花量多，开放时间持久，冬季不论是横向牵引枝条还是短截之后都能开很多花。

可攀缘约300厘米·花朵直径9~12厘米

玛蒂尔达

圆瓣平展型  

淡粉色的花瓣镶边惹人喜爱，花色看起来稍有些褪色感，但在秋季开放时会变成深粉色。花量多，开放时间持久，成簇开放，枝条呈半扩张性生长，株型端正，是茁壮的品种。

株高80~90厘米·花朵直径5~6厘米

粉樱

单瓣型 

柔美的粉色花瓣与浅红的花蕊搭配在一起十分美观。一波花朵刚刚凋谢，下一波花朵会紧随其后开放。可以当作小型藤本月季来打理，是耐旱、抗病性强的品种。

株高80~100厘米·花朵直径约8厘米

白色梅蒂兰

重瓣平展型   

小花成簇开放。花期虽晚却能一直开至秋季。枝条纤细，能长得很长，可以利用植物攀爬架等进行牵引。即使在半背阴处也能栽培。

可攀缘100~300厘米·花朵直径2~3厘米

玛丽亚·卡拉斯

半剑瓣高芯型  

花型饱满、端正，开放时间持久。枝条呈半扩张性生长，植株能茁壮生长，耐暑性、耐寒性俱佳，是易栽培的品种。以女高音歌唱家玛丽亚·卡拉斯的名字命名。

株高100~120厘米·花朵直径12~14厘米

戴尔巴德

戴尔巴德公司总部位于法国的马利科尔纳，是专门培育和生产月季、宿根草和果树等的公司。1954 年开始培育月季，培育出的月季富有法国风情的绚丽花色及浪漫的花型。

欢迎

莲座型

花瓣带有褶边，边缘呈锯齿状，花朵硕大、饱满，看起来雍容华美。花朵开放时稍垂头，可以当作小型藤本月季来打理，可利用植物攀爬架或花篱等进行牵引，抗病性强。

株高约180厘米 · 花朵直径8~10厘米

纪念芭芭拉

圆瓣环抱型

红色花瓣的质地如同天鹅绒，花量多，开放时间持久，由春至秋不断开放。植株矮小，但十分茁壮。株型端正，适合盆栽。

株高约80厘米 · 花朵直径6~8厘米

莫利纳尔玫瑰

杯型

花朵硕大，花色为淡粉色，在长长的新梢顶端会开出成簇的花朵。能够长成茁壮的大型灌木，天然树形十分美观。可以利用花门等进行牵引。

株高约150厘米 · 花朵直径8~10厘米

桃子糖果

杯型

在锯齿状的淡黄色花瓣上可见粉色镶边和若有若无的条纹，花形富有韵味。能长成较为高大的植株，因此也可以当作藤本月季来打理。

株高约180厘米 · 花朵直径约10厘米

风中玫瑰

杯型

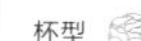

花瓣层层叠叠，边缘呈锯齿状，夏季时深红的花色也不会变浅，反复开花。植株矮小而端正，施肥后树势会变得更为旺盛，花量也会增多。

株高约100厘米 · 花朵直径8~12厘米

美里玫瑰

杯型

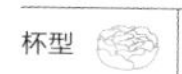

随着花朵的开放，花色由深粉色变为略带淡紫色的粉色，开放时间持久。直立性树形十分秀美，耐强剪，也很适合盆栽。植株长势旺盛且抗病性强，适合新手栽培。

株高约150厘米 · 花朵直径8~10厘米

蒙马特共和国

莲座型

它是抗病性强的月季品种之一，喷洒少量农药即可。植株在盛夏时节也能接连开花，耐暑性佳。横向扩张的枝条向斜上方生长，可以当作小型藤本月季来打理。

株高约130厘米 · 花朵直径约8厘米

情书

杯型 四

明亮的粉色花瓣上带有白色条纹，独具个性。花朵成簇开放，花量很多，虽然花期晚，但能一直开放至秋末。可当作小型藤本月季来栽培，抗病性强。株高约150厘米·花朵直径约8厘米

庞巴度玫瑰

杯型 四

玫红色花朵的花型呈杯型，随着开放逐渐变为淡紫色的莲座型。枝条柔韧，叶片的抗病性强。植株耐强剪，可以种植在花盆中观赏。

株高约150厘米·花朵直径10~12厘米

多米尼克·卢瓦佐

半重瓣型 四

纯白色花朵中可见黄色花蕊，成簇开放，花量多，由春季至秋季都能观赏。株型矮小，抗病性强，长势旺盛。可当作造景月季来栽培。

株高约80厘米·花朵直径约6厘米

娜荷马

杯型 四

花色为淡粉色，花朵成簇开放，花量多，开放时间持久。通常会在直立的、长长的新梢顶端开花。花瓣有时会被雨淋伤。植株茁壮，易栽培。可攀缘约180厘米·花朵直径8~10厘米

白色瀑布

绒球型 四

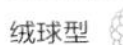

小巧的花朵成簇开放，凋谢后很快就会再次开花。株型矮小，适合种植在花坛或花盆中。

株高约60厘米·花朵直径2~3厘米

微风

杯型 四

杯型花朵惹人喜爱，成簇开放。抗病性强，易栽培。树形呈直立性，粗壮的新梢长势旺盛，一般在顶端开花。施肥过多会导致秋季花量变少。

株高约150厘米·花朵直径6~8厘米

费加罗夫人

杯型 四

淡粉色花朵的花型呈杯型，秋季会变为深杯型，成簇开放，花量多。枝条柔韧，上方的枝条不断扩张，株型矮小，适合盆栽。

株高约100厘米·花朵直径8~10厘米

保罗·塞尚

杯型 

四

花瓣上有明黄色与粉色的扎染状条纹，花瓣顶部呈深锯齿状。植株少刺，在春季过后，柔韧的新梢会不断生长并开花，因此要用支柱进行牵引。要注意预防黑星病。株高约120厘米·花朵直径8~10厘米

盖伊·萨瓦

环抱型 

四

波纹状的红色花瓣上有粉色的扎染状条纹，花朵成簇开放。抗病性强，长势旺盛，可当作小型藤本月季来观赏。以巴黎米其林三星餐厅主厨盖伊·萨瓦的名字命名。株高约180厘米·花朵直径8~10厘米

美丽的主

圆瓣高芯型 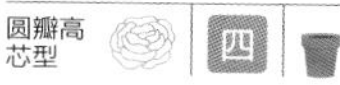

四

花朵硕大，花色为在浅杏黄色中透着些许琥珀色，越靠近中心越呈现出橘红色。花朵开放时间持久，四季开花性，植株茁壮。树形端正，适合盆栽。

株高约100厘米·花朵直径约10厘米

红色直觉

剑瓣高芯型

四  

花瓣呈深红色，有鲜艳的深粉色扎染状条纹。花量较多，开放时间持久。能长成较高大的直立性植株，只要适度施肥，定期喷洒农药就能茁壮生长。

株高约120厘米·花朵直径约10厘米

莫里斯·尤特里罗

平展型

四 

褶状的深红色花瓣上有黄色或白色的扎染状条纹，花朵开放时间持久，且反复开放。株型端正，呈直立性。抗病性、耐暑性俱佳，长势旺盛。以法国知名画家莫里斯·尤特里罗的名字命名。

株高约120厘米·花朵直径8~10厘米

金璀璨

波状瓣平展型 

四 

黄色花瓣顶部带有锯齿状和褶边，花形看起来雍容华美。植株少刺，柔韧的新梢长势旺盛，是茁壮、抗病性强的小型攀缘性月季。

株高约180厘米·花朵直径6~8厘米

克劳德·莫奈

莲座型 

四

粉色花瓣上有浅橘黄色的扎染状条纹，花瓣边缘的褶边十分惹人喜爱。随着花朵的开放，花型由杯型逐渐变为莲座型。四季开花性，抗病性强，属于中等大小的灌木，可盆栽。株高约100厘米·花朵直径约8厘米

卡米耶·毕沙罗

圆瓣高芯型

四  

呈黄、白、粉渐变色的花瓣上有细细的红色扎染状条纹。植株矮小，呈灌木性，适合盆栽。以19世纪法国印象派画家卡米耶·毕沙罗的名字命名。株高约100厘米·花朵直径6~8厘米

忧郁的母亲

剑瓣高芯型   

花色为接近蓝色的紫色，花瓣很多，花型端庄。四季开花性。植株呈半直立性，常发新梢。易打理。施肥过多或淋雨有可能造成花朵不能全开。

株高约100厘米 · 花朵直径8~10厘米

帕尔马修道院

圆瓣高芯型 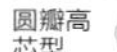  

气温越低，紫色的花瓣越呈剑瓣状，花朵也越密，花形看起来雍容华贵，香气怡人。植株横向扩张生长，因此，要注意修剪向斜上方生长的枝条，还须注意预防黑星病。

株高约120厘米 · 花朵直径10~12厘米

法国电台

杯型   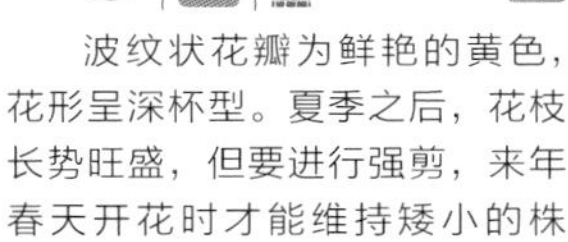

波纹状花瓣为鲜艳的黄色，花形呈深杯型。夏季之后，花枝长势旺盛，但要进行强剪，来年春天开花时才能维持矮小的株型。要注意预防因多雨而引起的黑星病。

株高约100厘米 · 花朵直径8~10厘米

女香

圆瓣高芯型  

花瓣为粉色，外瓣晕染着些许红色，瓣质厚实、不易受损。植株矮小，适合盆栽。只要适当施肥，植株在第二次开花后也会继续开花。需要注意预防白粉病、黑星病。

株高约100厘米 · 花朵直径8~10厘米

甜蜜生活

杯型  

黄色花朵晕染着橘黄色，成簇开放，花量很多，开放时间持久。春季开花后要对植株进行充分短截后再施肥，这样做能使花朵不断开放至秋季。植株矮小，很适合盆栽。

株高约80厘米 · 花朵直径6~8厘米

西奈尔吉克玫瑰

圆瓣环抱型  

花色会根据气温变化而发生变化，越靠近气温较低的地区蓝色越明显。花瓣易被雨水淋伤，但在蓝色系月季中算是少有的抗病性较强的品种。

株高约150厘米 · 花朵直径8~10厘米

变色龙

半重瓣型   

纤细的花瓣呈扭曲状开放。花朵初绽时，花色为淡黄与深粉掺杂的颜色，随着开放，最终变为绿色。植株次第开花，株型矮小，但生命力强。

株高约100厘米 · 花朵直径6~8厘米

吉洛

吉洛是法国知名的月季育种公司，它培育出了全世界第一株杂交茶香月季“法兰西”。多年来不断扩展“杰内罗萨月季”系列，其特征是花朵大小中等，香气浓郁，花量多，开放时间持久。

莫妮克·戴维

莲座型 多

花朵中心处的花色稍深一些，花瓣顶端带有小尖、向外翻翘。花朵成簇开放，花量多，反复开花。植株生长缓慢，株型矮小，因此要避免强剪。

株高约80厘米 · 花朵直径9~12厘米

阿芒迪娜·香奈尔

杯型 多

花瓣为鲜艳的粉色，花朵成簇开放。树势旺盛，即使将直立生长的粗壮新梢在冬季强剪掉，次年也能开花。植株要定期喷洒农药才能茁壮生长。

株高约180厘米 · 花朵直径6~8厘米

索尼亚·里基尔

四分莲座型 四

花朵硕大，花型呈杯型，随着花朵的开放逐渐变为四分莲座型。枝条纤细、柔韧、易牵引，但由于花朵太多，植株有时会被雨淋倒，变得凌乱不堪。这一品种的培育是为了向同名设计师致敬。

株高约150厘米 · 花朵直径10~12厘米

保罗·博库斯

莲座型 多

花朵硕大，花色为浅杏黄色中带橘色，成簇开放，花量多，开放时间持久。植株茁壮，不断开花。花枝硬挺，新梢直立生长，并能长得很高，因此也可以当作小型藤本月季栽培。

株高约180厘米 · 花朵直径6~10厘米

丹·庞塞特

莲座型 四

花色鲜艳，为深红色与深粉色混合的颜色，花瓣边缘可见镶边。花瓣顶部略呈小尖状，花量多。植株矮小而端正，是适合盆栽的品种。

株高约60厘米 · 花朵直径6~8厘米

拉杜丽

四分莲座型 反

粉色花朵成簇开放，开放时间持久。新梢长势旺盛，即使在冬季进行强剪，次年也能开花。树势旺盛，抗病性强，植株能长得很高大。

可攀缘约200厘米 · 花朵直径8~10厘米

波尔多玫瑰

杯型 四

花朵富有个性，花瓣顶部呈小尖状挺立，成簇开放，花量很多。枝条直立生长，至上方稍扩张，植株呈半直立性。只要在栽培时维持矮小的株型，植株就能开很多花。要注意预防黑星病。

株高约120厘米 · 花朵直径5~6厘米

雷杜德奖

杯型 多

粉色花朵中心晕染着杏黄色，花色随着花朵的开放逐渐变浅。枝条柔韧，花朵成簇开放，花香混合了茉莉香、铃兰香与香草香等，富有魅力。

株高约180厘米 · 花朵直径6~8厘米

乔治·丹金

莲座型    四

花色为深黄色，随着花朵的开放逐渐变为浅黄色，花瓣边缘带有少许粉色。花量多，植株茁壮。枝条挺立，株型矮小，适合种植在狭小的场所或花盆中。

株高约80厘米·花朵直径5~6厘米

希望

波状瓣半重瓣型   多

花量多，花朵成簇开放，株型矮小，适合栽培在花坛中或花盆中。花名来源于支援日本大地震后的重建事业，因此寓意为“希望”。

株高约80厘米·花朵直径6~8厘米

艾格尼丝

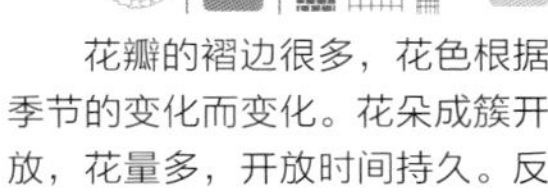

莲座型 四

花瓣的褶边很多，花色根据季节的变化而变化。花朵成簇开放，花量多，开放时间持久。反季开花的花量不多。枝条长长后，不论是对植株进行牵引还是修剪都不影响开花。

株高约100厘米·花朵直径8~10厘米

马克·安东尼·夏庞蒂埃

杯型   四

花色十分优美，由黄色渐变为乳白色，再到白色，花瓣顶部呈小尖状。枝条纤细、柔韧，长长后，由于花量多，所以植株整体给人一种饱满的感觉。香气细腻。

株高约150厘米·花朵直径6~8厘米

艾莲·吉列

莲座型   多

红色花苞令人印象深刻。花朵绽放后，花色变为白色，花瓣外侧稍稍晕染着一些红色。花朵硕大，花量多，深绿色光叶十分美观。

株高约100厘米·花朵直径6~8厘米

尚塔尔·汤玛斯

杯型   四

花色在淡粉色中带有琥珀色。柔韧的枝条上开满小巧的花朵，散发出细腻的香气，令人联想到茴香的气味。

可攀缘约200厘米·花朵直径6~8厘米

吉恩·蒂尔尼

莲座型   四

花型呈莲座型，花朵成簇开放，花量多。枝条稍显纤细，但十分坚硬挺拔，能长成中等高度的竖长型植株。由于其对种植场所的宽度没有要求，因此很适合种植在狭小的场所或花盆中。

株高约100厘米·花朵直径6~8厘米

百丽埃斯皮诺斯

莲座型   四

在鲜艳的紫红色花瓣上有白色的扎染状条纹，秋季花色更深。花朵大小中等，成簇开放，花量多。株型矮小而端正，易栽培，喜阳。

株高约70厘米·花朵直径6~8厘米

佛罗伦萨·德拉特

绒球型   反

花色如梦似幻，绒球型花朵柔美而饱满。植株一长结实便开花，花朵成簇开放。柔韧的枝条长势旺盛，即使在冬季对其进行强剪，次年也能开花。亦可对植株进行牵引。

可攀缘约200厘米·花朵直径5~6厘米

多里厄

多里厄是法国的月季育种、生产公司。在弗朗西斯·玫昂的建议下，该公司于1940年开始生产月季花苗。

奥秘

半重瓣杯型 反

深蓝紫色花朵的花瓣上有若有若无的扎染状条纹，随着花朵的开放，花型由杯型逐渐变为平展型，花朵在柔韧的枝条顶端成簇开放。树形呈半直立性，树势旺盛，但须注意预防黑星病。

株高约150厘米·花朵直径约6厘米

圣谷修道院

半剑瓣高芯型 四

浅紫色花瓣向外翻卷，看起来非常赏心悦目。花型独具个性，偶尔可见双芯。四季开花性，是高度中等的灌木性品种，可选择盆栽或地栽在庭院里。

株高约100厘米·花朵直径约10厘米

紫香

圆瓣高芯型 四

带有褶边的花瓣重叠在一起。随着花朵的开放，花型由圆瓣高芯型逐渐变为杯型，花色亦由深转浅。树势旺盛，树形呈灌木性，爆发式开花，能长成中等大小的植株，十分茁壮。

株高约130厘米·花朵直径约8厘米

新幻想

杯型 多

花瓣上有白色与深紫红色的扎染状条纹，花量多。植株长势旺盛且易栽培。树形呈半直立性，随着植株生长不断扩张，能长得较高大。可自立，也可作为藤本月季进行牵引。

株高约150厘米·花朵直径约6厘米

安纳普尔纳

圆瓣高芯型 

随着纯白色花朵的开放，花型由圆瓣高芯型逐渐变为莲座型。四季开花性，树形呈灌木性，高度中等，因此适合盆栽或地栽在庭院里。以喜马拉雅山脉的知名雪山名命名。

株高约100厘米·花朵直径约8厘米

科德斯

德国科德斯月季育种公司培育出的月季花形优美，且具有顽强的生命力。这些品种令人联想到德国人质朴与刚健的品质。

太阳仙子

圆瓣平展型 四 

花色为深黄色，不易变浅。花朵成簇开放，花量多，耐雨淋。茶香浓郁。须避免对植株进行强剪。

株高70~80厘米 · 花朵直径10~12厘米

卡尔·普罗波格

圆瓣杯型 四 

花色为明黄色，越靠近花朵中心，花色越深。花型为圆瓣杯型。花朵开放时间持久，四季开花性。枝条长势旺盛，耐寒性、抗病性俱佳。

株高约150厘米 · 花朵直径约6.5厘米

咖啡

圆瓣杯型 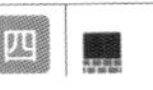 四

花色独具个性，广受欢迎。数朵花成簇开放，花量很多。树形呈扩张性，结实的枝条长势良好。需要定期喷洒农药。

株高约80厘米 · 花朵直径约8厘米

齐格弗里德

莲座型  四 

花瓣的瓣质如羊毛毡垫般厚实，花色为深红色。随着花朵的开放，花型由环抱型逐渐变为莲座型。瓣质佳，花朵开放时间持久。树形呈半直立性，株型端正。是生命力强且易栽培的品种。

株高约150厘米 · 花朵直径约10厘米

鹅妈妈

圆瓣单瓣型  四 

花色为纯白色，花型为圆瓣单瓣型。小小的花朵如同瀑布一般开满整棵植株。叶片为深绿色的光叶，抗病性强。树势旺盛，冬季可按照自己的喜好修剪树形。

株高约100厘米 · 花朵直径约7厘米

科德斯庆典

圆瓣莲座型  四  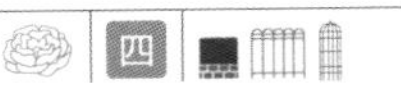

花朵初绽时为黄色，随着开放，外瓣逐渐染上红色。花朵直径为12~15厘米。种植在温暖地区时，植株呈半蔓性，强剪后则生长成灌木状株型，对黑星病抵抗力很强。

可攀缘200~250厘米 · 花朵直径12~15厘米

佛罗伦蒂娜

圆瓣杯型  反 

深红色花朵大小中等，花型呈圆瓣杯型。花量多，开放时间持久，春季过后会反季开花。植株少刺，枝条纤细，易牵引，花朵从植株根部的枝条上开始由下至上开放。抗病性强。

可攀缘200~250厘米 · 花朵直径7~9厘米

超级埃克塞尔萨

绒球型 四

深玫红色小花朵成簇开放，使枝条下垂。只要保留花蒂就能结出大量果实。枝条纤细、柔韧，适合大部分牵引方式。

可攀缘约200厘米 · 花朵直径约5厘米

夏晨

半重瓣型 四

明亮的粉色花朵由春至晚秋不断开放。树形呈半扩张性，新梢频发，植株十分强健。抗病性强，是生命力强的品种。

株高60~80厘米 · 花朵直径5~6.5厘米

亚斯米娜

四分杯型 反

花蕊部分呈深粉色，越靠近花瓣外部颜色越浅。花瓣呈心形，花香为类似香皂的香气。植株长结实后会反季开花。抗病性强。

可攀缘200~300厘米 · 花朵直径5~7厘米

艾拉绒球

杯型 四

花色呈深粉色，既有单花，也有2~15朵成簇开放的花朵。花量多，开放时间持久。春季过后也会不断开花。适合多种牵引方式。

可攀缘约200厘米 · 花朵直径约4厘米

灰姑娘

圆瓣四分杯型 四

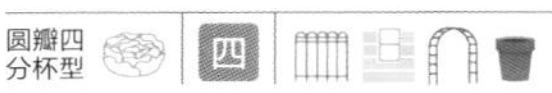

花瓣数量多，花色呈柔和的粉色，杯状花朵的外瓣环抱着莲座状内瓣。花量多，开放时间持久。即使在冬季进行强剪，植株次年也能开花。对黑星病抵抗力强，是生命力强的品种。

可攀缘200~300厘米 · 花朵直径5~7厘米

家 & 花园

莲座型 四

花色为粉色，随着花朵的开放，花型由圆瓣型逐渐变为莲座型。花量多，7~40朵花成簇开放。植株生长初期长势旺盛，随后一年比一年生长缓慢，最后长成端正的株型。

株高60~100厘米 · 花朵直径6~7厘米

诺瓦利斯

杯型 四

花色为明亮的紫色，花瓣顶部呈小尖状，向外翻卷，十分独特。在蓝色系月季中属于茁壮的品种，易栽培。枝条坚硬挺拔，能长成结实的植株。

株高约150厘米 · 花朵直径约9厘米

安吉拉

杯型 四

小花朵呈鲜艳的粉色，成簇开放，遍布整棵植株，开放时间持久。枝条茁壮，可以利用各种各样的支撑物进行牵引。只要在冬季进行强剪，植株在次年就能像树状月季一样开花。

可攀缘约300厘米 · 花朵直径约4厘米

康斯坦斯 · 莫扎特

半剑瓣高芯型 四

花色为淡粉色，略透出些灰色，约5朵花成簇开放。植株少刺，枝条坚硬挺拔，株型端正，是生命力顽强且易栽培的品种。

株高约130厘米 · 花朵直径8~10厘米

坦陶

德国的坦陶月季育种公司致力于月季的育种，培育出的各种园艺月季与切花月季享誉全球。

汉斯·戈纳文

圆瓣杯型  四 

粉色花朵的花型呈杯型，植株多花，秋天也常开花。频发新梢，可以当作小型藤本月季来种植，抗病性强。

株高约150厘米·花朵直径约4.5厘米

歌德玫瑰

波状瓣杯型  四 

花色为深玫红色，花瓣数量多，花形看起来雍容华贵。在长长的花茎上开一朵单花，散发出甜香，适合用作切花。耐寒性、耐暑性俱佳。

株高约150厘米·花朵直径约12厘米

藤本历史

莲座型  四 

它是灌木性月季——“历史”的枝变异品种，它们的花色、花型、特征都类似。树势旺盛，移植后不久就能开花。植株茁壮，易栽培。

可攀缘约300厘米·花朵直径10~12厘米

永恒的腮红

圆瓣平展型 四

随着花朵的开放，花色由白色转为淡粉色，成簇次第开花。四季开花性。枝条稍显纤细，易牵引。耐暑性、耐寒性、抗病性俱佳。

可攀缘约250厘米·花朵直径约2.5厘米

柯莱特

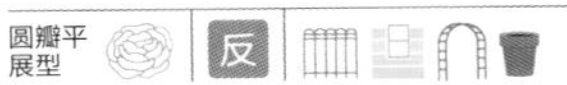

圆瓣平展型 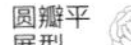  反

花瓣呈粉色，花朵开放后可见深粉色斑点，十分罕见。花朵外瓣呈波浪状。香气浓郁，反复开花。植株少刺，易栽培，生命力强。

可攀缘250~300厘米·花朵直径8~10厘米

玛丽亚泰丽莎

四分莲座型 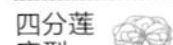 四 

花朵中心呈深粉色，越往外侧，花色越淡，一般四五朵花成簇开放。花量多，开放时间持久。光叶十分美观，树势旺盛，植株生命力强。

株高约150厘米·花朵直径6~7厘米

拉维尼娅

半剑瓣高芯型 四

花色类似粉色珊瑚的颜色，十分美丽，花朵开放时稍垂头。持续开花至晚秋，耐寒性强。既可以对植株进行强剪，也可以利用花篱等平面支撑物进行牵引。

可攀缘200~280厘米·花朵直径9~10厘米

蓝月

半剑瓣高芯型 四

“蓝月”的花朵是紫色系月季花朵的代表之一。拥有蓝色系月季馥郁的芳香。花量多，开放时间较为持久。只要充分施肥就能再次开花。株高约150厘米·花朵直径约15厘米

撒哈拉98

圆瓣平展型 反

随着花朵的开放，花色由黄色逐渐变为橘黄色。花量多，开放时间持久，秋季也常常开花。树形呈扩张性，长势旺盛，是生命力强的品种。可攀缘约250厘米·花朵直径7~8厘米

永恒蓝色

圆瓣平展型 反

深玫红色花瓣的根部为白色，花朵娇小。数十朵花呈球状花簇开放。植株长结实后，秋季亦开花。抗病性强。可攀缘约250厘米·花朵直径2~3厘米

怀旧

圆瓣平展型 四

随着花朵的开放，花瓣边缘逐渐晕染上红色，气候越凉爽，红色越鲜艳。花量多，花朵成簇开放，开放时间持久。植株频发新梢，有时也会长成半藤蔓状。株高90~150厘米·花朵直径7.5~9厘米

阿耳忒弥斯

杯型 四

白色小花朵的花瓣上晕染着浅黄色，花型呈杯型。花量多，开放时间持久，散发出清爽的茴香的气味。叶片为光叶，抗病性强，植株整体十分美观。

株高约180厘米·花朵直径约6厘米

蓝雨

莲座型 四

花朵大小中等，花色为在柔美的紫色中略带些蓝色。植株长结实后会开出成簇的花朵。四季开花性。灰绿色叶片与花朵交相辉映，富有魅力。抗病性强。

可攀缘约150厘米·花朵直径约6厘米

洛可可

波状瓣型 反

花色细腻，花瓣呈波浪状，直至开败时都富有魅力。花朵成簇开放，花量多，开放时间持久。植株攀缘性强，因此可以利用墙面进行牵引，亦可进行强剪。

可攀缘约300厘米·花朵直径11~14厘米

藤本月季

藤本月季的1年

1月	2月	3月	4月	5月	6月	7月	8月	9月	10月	11月	12月
休眠				开花		二次／三次开花（四季开花品种）			开花（秋季开花品种）		休眠
冬季施底肥		施发芽肥			施礼肥		夏季施底肥（秋季开花品种）			施礼肥	冬季施底肥（秋季开过花的品种）
					使新梢向上生长						
修剪与牵引				剪花					剪花（秋季开过花的品种）		

藤本月季枝繁叶茂，因此，不仅要在植株开花后施礼肥，还要在夏季施底肥。

藤本月季

利用墙面与花篱进行牵引来装饰庭院的月季

藤本月季的枝条长势十分旺盛，春季大量开花。大多数藤本月季都是一季开花性，但也有多次开花与反季开花的品种，虽说是藤本植物，但它不能凭枝条自己的力量缠绕到支架上。如果是长势旺盛的品种，枝条一年可以生长 4~5 米，因此，必须通过牵引和修剪进行造型。牵引的诀窍在于：配合想做出的造景来挑选长势与枝条的软硬程度都合适的品种。

蓝雨

品种：攀缘月季
产地：德国
可攀缘：约 150 厘米
花朵直径：约 6 厘米

花朵在紫色中略微透出蓝色，给人一种细腻、柔美的感觉。它其实是生命力强、易栽培的品种。叶片呈灰绿色。

第一次挑选藤本月季

建议你种植的第一株藤本月季选择花量多、叶形优美、少刺的品种；并且要选择枝条柔韧、易牵引的品种来做基本造型。

建议用麻绳进行牵引

在将藤本月季纤细的枝条牵引至窗边或花篱旁时，可以巧妙地使用麻绳。麻绳不仅不会伤到剪刀，而且在脱落后会逐渐转化为泥土，是一种环保材料。

藤本月季

藤本山姆·麦格雷迪夫人

剑瓣高芯型 反

红铜色花朵独具个性。植株上既有单花，也有成簇开放的花。花量多，时有反季开花。树势旺盛，枝条略硬。

可攀缘约400厘米·花朵直径约9厘米

基尤漫步者

单瓣型 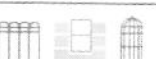

粉色小花朵的花瓣根部呈白色，呈圆锥状成簇开放，盛开时十分美丽。新梢频发，有大刺。植株对黑星病的抵抗力较强，但须注意预防叶蜱和白粉病。

可攀缘约600厘米·花朵直径约3厘米

西班牙美人

半重瓣型 

这一品种是有名的粉色藤本月季。花瓣边缘呈波浪状，香气甜美。花期早，花朵开放时垂头，因此最好牵引至较高的位置。新梢长势旺盛，虽有刺，但易打理。

可攀缘约400厘米·花朵直径约10厘米

艾伯丁

杯型  

花色为浅橘粉色，十分赏心悦目，花量很多，茶香怡人。植株呈扩张性生长，抗病性强，树势旺盛，但有尖锐的刺，因此在打理时要小心。

可攀缘约500厘米·花朵直径约9厘米

弗朗索瓦·朱朗维尔

莲座型  

花色为粉色，花香甜美，花量很多。植株茁壮，新梢长势旺盛。枝条纤细、少刺，横向生长。光叶的抗病性很强。

可攀缘约800厘米·花朵直径约7厘米

粉色漫步者

半重瓣型   

花色为淡粉色，花瓣顶部粉色变深。花量很多，花朵成簇开放，一簇约有20朵花。植株茁壮、多刺，易栽培，对白粉病的抵抗力稍弱。

可攀缘约400厘米·花朵直径约3厘米

五月皇后

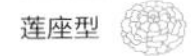
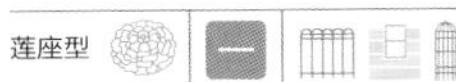

莲座型 一

花色呈粉色，花型美丽，花量多。纤细的枝条向水平方向生长，长势旺盛，因此适合用较矮的花篱对枝条进行牵引，但不适合种在狭小的场所。须注意预防各种病害。

可攀缘约600厘米 · 花朵直径约7厘米

邦妮

圆瓣平展型 一

花型独特，随着花朵的开放，花色逐渐变为粉色。一般四五朵花成簇开放。反季开花时花量少。枝条长势旺盛，柔韧，易打理。枝条上长着许多朝下的尖刺。

可攀缘约300厘米 · 花朵直径约4厘米

彼得·洛在格

重瓣型 反

花朵呈粉色。随着植株长得越来越结实，花瓣不断增多，越发美丽。光叶亦十分美观，散发出淡淡的香气。植株会反季开花。枝条呈放射状生长，长势旺盛，耐寒性很强。

可攀缘约350厘米 · 花朵直径约5厘米

克莱尔·马丁

半重瓣型 多

花色为清新的淡粉色，花朵成簇开放。植株时常反季开花，树形与灌木性月季有些相似。枝条坚硬，抗病性强。

可攀缘约300厘米 · 花朵直径约7厘米

保罗·特兰森

莲座型 一

花朵初绽时为莲座型，花蕊可见纽扣心，随着花朵的开放，花朵逐渐变得如同大丽花一般。一般 5 朵左右的花朵成簇开放。枝条柔韧，植株茁壮，易栽培。

可攀缘约500厘米 · 花朵直径约7厘米

藤本奥菲莉亚

剑瓣高芯型 四

此花为名花“奥菲莉亚”的藤蔓性品种。淡粉色花朵成簇开放，花形看起来雍容华美，且会散发出高雅的香气。花瓣根部晕染着若有若无的黄色。枝条稀疏，但攀缘性强。

可攀缘约400厘米 · 花朵直径约9厘米

春霞

半重瓣型 一

它是“藤本夏之雪”的枝变异品种。数朵粉花成簇开放。花量多，秋季偶尔会反季开花。枝繁叶茂，枝条无刺，可以按自己的喜好进行牵引。

可攀缘约500厘米 · 花朵直径约6厘米

保罗·诺埃尔

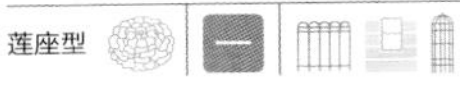

莲座型 一

花型独特，花色为粉色。反季开花时花量少。枝条柔韧，长势旺盛。枝条上长着很多朝下的尖刺。耐寒性、抗病性俱佳。

可攀缘约500厘米 · 花朵直径约7厘米

花旗藤

单瓣平展型　一

花色为玫红色，花瓣底部为白色，黄色花蕊非常醒目。植株十分茁壮，枝条长势旺盛，适合用来覆盖高大的花篱或宽大的墙面。需要留意植株上的硬刺。秋季所结果实十分美观。

可攀缘约500厘米・花朵直径约6厘米

茶香漫步者

重瓣型　一

柔美的粉色花朵随着开放逐渐褪色，整棵植株上的花朵颜色深浅不一。波浪状花瓣十分优雅。成簇开放的花朵会覆盖整棵植株。枝条较粗，长势旺盛，刺尖锐。

可攀缘约500厘米・花朵直径约6厘米

大游行

圆瓣杯型　四

深玫红色花朵花瓣很多，花形看起来雍容华贵。花量多，开放时间持久，春季过后也常常反季开花。树势旺盛，易栽培，但刺尖锐，在打理时需要注意。

可攀缘约500厘米・花朵直径约10厘米

多萝西・帕金斯

绒球型　一

深粉色花朵成簇开放，开放时间持久，是花期最晚的品种之一。光叶茂密，长势旺盛，在寒冷地区及背阴处也能生长。须注意预防白粉病。

可攀缘约600厘米・花朵直径约3厘米

新曙光

半剑瓣高芯型　反

这一品种是十分受大众喜爱的藤本月季之一。约5朵淡粉色花朵成簇开放。春季过后偶尔会反季开花。新梢攀缘性很强，植株多刺。抗病性强，在光照不充足的地方与半背阴处也能茁壮生长。

可攀缘约600厘米・花朵直径约8厘米

海华沙

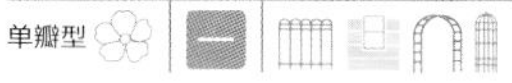

单瓣型　一

质朴的玫红色单瓣花朵与其他植物搭配起来很协调。柔韧的枝条攀缘性强，基本上向水平方向生长。耐暑性、耐寒性俱佳，新手也能养活。

可攀缘约600厘米・花朵直径约3厘米

梅格

圆瓣平展型　一

花朵硕大，浅粉色花瓣配上红色花蕊十分美丽。偶尔有反季开花，只要不摘除花蒂，秋季就能结出大果。枝条呈扩张性生长，植株茁壮，新手也能养活。

可攀缘约500厘米・花朵直径约10厘米

藤本夏之雪

半重瓣平展型　反

白色花瓣呈波浪状。花量多，花朵盛开时几乎覆满整棵植株。枝条柔韧、无刺，可以朝多个方向进行牵引。即使植株染上白粉病也不影响其长势，但须注意预防叶蜱。

可攀缘约500厘米 · 花朵直径约6厘米

阿贝卡 · 巴比埃

莲座型  

花色为象牙色。数朵花成簇开放，花量多。枝条柔韧，匍匐生长。植株长势旺盛，横向生长能超过5米，抗病性强。

可攀缘约600厘米 · 花朵直径约7厘米

藤本白色圣诞

半剑瓣型 

这一品种是名花“白色圣诞”的藤本型。花朵具有怡人的芳香。花量多，许多硕大的花朵同时开放，观赏性强。其缺点是不耐雨淋。

可攀缘约500厘米 · 花朵直径约12厘米

约克郡

半重瓣型   

花苞呈淡黄色，一旦开花就立即变为纯白色，十分美丽。枝条横向生长且长势旺盛，柔韧的枝条易牵引。植株的抗病性不强，需要定期喷洒农药。

可攀缘约600厘米 · 花朵直径约7厘米

阳光白

单瓣平展型  

单瓣白花朵与黄色花蕊交相辉映。花量多，反季开花，这在蔓性蔷薇中十分罕见。枝条纤细、柔韧，可以利用低矮的花篱等支撑物进行牵引。

可攀缘约400厘米 · 花朵直径约3厘米

藤本冰山

半重瓣平展型  

花量很多，约10朵纯白色花朵成簇开放。植株茁壮，长势旺盛且耐寒性强。须注意预防黑星病。

可攀缘约500厘米 · 花朵直径约8厘米

桑达白漫步者

圆瓣半重瓣型  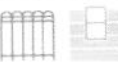

花色为纯白色，花朵成簇开放。植株多小刺。花朵开放时花枝下垂，因此适合采用使枝条垂下的牵引方式。植株茁壮，易栽培，甜美的香气也是其魅力所在。

可攀缘约600厘米 · 花朵直径约4.5厘米

金翅雀

平展型 

随着花朵的开放，花色逐渐变为象牙色。7~10朵小花成簇开放，枝繁叶茂。植株在夏季偶尔会因为叶蜱而落叶，但到了秋季，叶子又会长出。

可攀缘约400厘米 · 花朵直径约4厘米

菲丽西黛与珀佩图

绒球型  

花苞为粉色，但一旦开花就会变为纯白色。花瓣在 40 枚以上，一般五六朵小花成簇开放。叶片呈深绿色，十分美观。植株茁壮、抗病性强，易栽培。

可攀缘约500厘米 · 花朵直径约3厘米

丽姬芳达

半重瓣型 

花朵初绽时中心呈黄色，随着开放逐渐变白。这一品种的花朵成簇开放，不论是叶子还是秋季结出的果实都十分美观。枝条长势旺盛，少刺，因此易打理。

可攀缘约500厘米 · 花朵直径约4厘米

波比 · 詹姆斯

半重瓣型 

纯白色花朵大小中等，花朵成簇开放。花量多，盛开时洋溢着纯洁之美。树势旺盛，植株高大。虽然植株的生长状况良好，但须注意预防黑星病。

可攀缘约400厘米 · 花朵直径约5厘米

勒沃库森

重瓣型 

随着花朵的开放，淡黄色花色逐渐变浅。枝条与蔓性蔷薇相似，呈扩张性生长，长势旺盛。叶片美观，生长状况良好，但植株刺多，因此在牵引时需要有耐性。

可攀缘约400厘米 · 花朵直径约9厘米

蔓性雷克托

半重瓣型  

小朵白花成簇开放。花量很多，散发出辛辣的香气。植株长势旺盛，多刺，适合攀附在树上。

可攀缘约500厘米 · 花朵直径约3厘米

珍珠

莲座型  

随着花朵的开放，花色由淡黄色逐渐变为白色，花型呈莲座型，花形富有魅力，令人联想到贝壳工艺品。枝条柔韧、纤细，匍匐生长，因此可以采用多种牵引方式。

可攀缘约600厘米 · 花朵直径约7厘米

保罗的喜马拉雅麝香漫步者

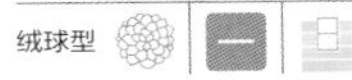

绒球型

绒球型的淡粉色小花朵开满整棵植株，凋谢时花瓣飘落的样子如樱花一般。花量多，植株长势旺盛，因此最好种植在宽阔的场所。

可攀缘约600厘米 · 花朵直径约3厘米

圣灰星期三

半重瓣型

花色为浅粉色，十分罕见。数朵花成簇开放，花量多，开放时间持久。新梢频发，枝条柔韧且攀缘性强，因此易牵引。树势旺盛，但抗病性较弱。

可攀缘约400厘米 · 花朵直径约7厘米

巴尔的摩美人

莲座型

粉色的花苞与盛开的优雅白花形成优美的对比。纤细、柔韧的枝条能长至 5 米以上。花形很美，花朵开放时如同瀑布一般，但须注意预防黑星病。

可攀缘约600厘米 · 花朵直径约6厘米

阿黛莱德 · 德鲁莱昂

半重瓣型

白色花朵分外夺目，花量多，花朵盛开时如同白色的“海洋”。植株分枝多，刺也多，因此在进行牵引时需要耐性。独特的灰绿色叶片十分美观。

可攀缘约600厘米 · 花朵直径约7厘米

藤本和平

半剑瓣高芯型　四

黄色花瓣上带有粉色镶边，花朵堪称巨大。基本上都是单花，栽培时间越长，反季开花的花量越多。树形呈半扩张性。新梢多，枝条粗壮且坚硬，因此不能进行复杂的牵引。

可攀缘约400厘米 · 花朵直径约12厘米

天鹅湖

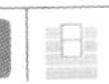

剑瓣高芯型　反

花朵中心晕染着淡粉色，十分美观。花朵开放时间持久，具有反季开花性。植株多刺，枝条坚硬，因此牵引起来比较费力。抗病性较强，但容易因为高温而落叶。

可攀缘约300厘米 · 花朵直径约9厘米

多特蒙德

单瓣平展型 反

红色花瓣带有绸缎般的光泽。花朵中心从黄色渐变为白色，开放时间持久。剪掉花蒂后可反季开花，不剪则会结出大量果实。抗病性、耐寒性俱佳。

可攀缘约400厘米 · 花朵直径约10厘米

休伊博士

半重瓣型  

红中带黑的花色富有韵味。花朵开放时覆满整棵植株。少刺、柔韧的枝条易牵引。植株茁壮，但须注意预防黑星病。

可攀缘约400厘米 · 花朵直径约5厘米

共情

半剑瓣高芯型 反 

花色为深红色，花量多，花瓣的瓣质佳。日照过强时花瓣会被晒焦，但花色不容易变浅。枝条少刺，易牵引，抗病性强，易栽培。

可攀缘约500厘米 · 花朵直径约10厘米

火焰之舞

半重瓣型  

红色的重瓣花朵大小中等，花量多，花如其名，盛开时如同一团团跃动的火焰。许多枝条从植株根部长出，枝繁叶茂，易牵引，耐寒性佳。

可攀缘约400厘米 · 花朵直径约8厘米

绯红色阵雨

半重瓣型  

绯红色小花朵的花期虽晚，开放时间却很持久。枝条几乎匍匐在地面上生长，长得很长，可将其牵引至高处，使其垂下，这样花朵观赏起来更加美观。抗病性、耐暑性俱佳。

可攀缘约600厘米 · 花朵直径约3.5厘米

唐璜

半剑瓣高芯型  

深红色花朵的花瓣如同天鹅绒一般，十分美观，花朵成簇开放。反季开花尤其多，植株少刺，因此易打理。枝条在生长初期生长得较为缓慢，但第二年过后就能攀缘至高处。

可攀缘约300厘米 · 花朵直径约9厘米

藤本墨红

半剑瓣高芯型 

硕大的深红色花朵的花瓣如同天鹅绒一般，花朵成簇开放，拥有大马士革玫瑰的怡人香气，是反季开花比较频繁的品种，树形偏扩张性。对白粉病的抵抗力较弱，因此忌潮湿。

可攀缘约500厘米 · 花朵直径约10厘米

美丽的格施温德斯

杯型  

这一品种拥有“野蔷薇”的血统，其特征是花朵在绽放时呈美丽的杯型，花色深。花朵成簇开放，枝条向斜上方生长，长4米左右，枝条会因花的重量而下垂。

可攀缘约400厘米 · 花朵直径约4厘米

婚礼

单瓣型 一

随着花朵的开放，花色由黄色逐渐变为白色。秋季会结大量球状果实。这一品种的特征是栽培后数年才开花。植株的主干直立，分枝纤细，长势旺盛，刺多。 可攀缘约600厘米 · 花朵直径约3厘米

保罗红色攀缘月季

绒球型  反

洋红色花朵成簇开放，十分美观。花量多，反季开花时花量少。这一品种一般被人们种植在篱笆边，枝繁叶茂。枝条较为纤细，易牵引。 可攀缘约350厘米 · 花朵直径约6厘米

菲莉丝·拜德

重瓣型 反 

花朵绽放后，花色繁多，整棵植株上的花朵全部盛开时美不胜收。枝条纤细、柔韧，易牵引，花朵开放时间持久，秋季也会反季开花。

可攀缘约350厘米 · 花朵直径约4厘米

藤本皮埃尔·S. 杜邦夫人

半剑瓣高芯型  一 

它是同名杂交茶香月季的枝变异品种。花色为金黄色，随着花朵的开放，外瓣逐渐变白。数朵花成簇开放，花量很多。易牵引，植株在半背阴处也能茁壮生长。 可攀缘约400厘米 · 花朵直径约8厘米

金色阵雨

半重瓣平展型 反 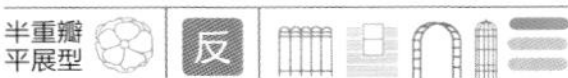

黄色花朵开放不久后，花色便会变浅，别有一番雅趣。植株的攀缘性强，种在稍有些背阴之处也不影响生长。反季开花频繁。植株很少发新梢，但从老枝上也能开出许多花。

可攀缘约400厘米 · 花朵直径约8厘米

约瑟的彩衣

半重瓣型  反 

花色由黄变橘，又由橘变成朱红，色调十分美丽。花朵成簇开放，反季开花频繁。植株呈半扩张性生长，耐暑性强。

可攀缘约300厘米 · 花朵直径约7厘米

藤本金兔子

圆瓣杯型  反

它是“金兔子”的藤本型。随着花朵的开放，花色不会变浅。花朵硕大、饱满、成簇开放。春季以后植株也偶尔会反季开花。对黑星病的抵抗力强，但需要定期喷洒农药。

可攀缘约400厘米 · 花朵直径约10厘米

珍宝

莲座型 一

随着花朵的开放，花色由浅杏黄色逐渐变为白色。花朵成簇开放，花量很多。植株长势旺盛，但在幼苗时期花量不太稳定。植株的生命力强，红色新芽与秋季的果实都非常迷人。

可攀缘约600厘米 · 花朵直径约4厘米

吉莱纳·德·费利贡

绒球型  
反

浅杏黄色花朵随着开放逐渐变成白色。花量多，偶尔有反季开花。树势旺盛，对黑星病的抵抗力强。

可攀缘约400厘米 · 花朵直径约4厘米

皇家薄暮

圆瓣环抱型  
反

橘黄色花色随着花朵的开放逐渐变浅，花香怡人。虽有反季开花，但秋季以后比较少见。植株少刺，花茎长，新梢坚硬，长势旺盛。

可攀缘约500厘米 · 花朵直径约12厘米

甜梦

杯型 
反

数朵浅杏黄色花朵成簇开放，花量很多，开放时间持久，直至初冬都会开花。枝条纤细、柔韧，易牵引。树势旺盛，但须注意预防黑星病。

可攀缘约250厘米 · 花朵直径约4厘米

紫罗兰

杯型 
一

紫红色花朵成簇开放，开花时整棵植株都被花朵覆盖。枝条纤细、少刺，因此较易牵引。树势旺盛，但须注意预防黑星病、白粉病与叶蜱。

可攀缘约500厘米 · 花朵直径约3.5厘米

校园女孩

杯型 
反

优雅的浅杏黄色花朵散发出淡淡的茶香。花朵硕大，花型呈杯型，十分美丽。植株可反季开花。主干较粗、直立，一般从植株上方的侧枝开花。植株虽然茁壮，但枝条容易白化。

可攀缘约350厘米 · 花朵直径约10厘米

玛丽·维奥玫瑰

柔美的玫红色花朵成簇开放。花朵盛开时，花色可见渐变色。植株长势旺盛，少刺，易牵引。植株高大，适合利用墙面进行牵引。

可攀缘约600厘米·花朵直径约3.5厘米

蓝洋红

绒球型　一

随着花朵的开放，花色由紫红色逐渐变为偏蓝的深紫色。花朵成簇开放，花量多。新梢能长至长 4 米左右，枝条较硬，但牵引起来不费力。须注意预防白粉病。

可攀缘约400厘米·花朵直径约3.5厘米

蓝色漫步者

单瓣型　一

紫色的花朵成簇开放，花朵像瀑布般覆盖整棵植株。枝条柔韧、少刺，易牵引。植株呈半扩张性生长，适合利用花篱和墙面进行牵引。

可攀缘约400厘米·花朵直径约3厘米

藤本纯银

杯型　反

花色独具个性，在紫色中透出些许灰色。花朵会散发出蓝色系月季的怡人香气。枝条稀疏，但长势旺盛。

可攀缘约500厘米·花朵直径约9厘米

罗苏莉娜

莲座型 　一

随着花朵的开放，花色由紫红色逐渐变为紫色。花瓣数量多，花量也很多。是较早的蔓性蔷薇之一，继承了野蔷薇的“血统”——花量多，花香馥郁。是具有抗病性的茁壮品种。

可攀缘约400厘米·花朵直径约4厘米

藤本蓝月

半剑瓣环抱型 　反

呈浅紫色的花朵堪称巨大，香气怡人。长成大苗后，植株会反季开花。枝条虽然少刺，但较硬，因此难以进行牵引。雨水多时，花朵易被淋伤。

可攀缘约500厘米·花朵直径约12厘米

藤本月季的特征与人工牵引

姬野由纪

发挥藤本月季的魅力

什么是藤本月季呢？
可以这样说，
除四季开花性、灌木性月季之外，
其他品种的月季几乎都是藤蔓性品种。
藤本月季涵盖的范围很广。

1 易于牵引、柔韧性强的一季开花品种

如今，市面上随处可见颜色绚丽、反季开花频繁的藤本月季。以蔓性蔷薇与古典玫瑰为代表的一季开花性藤本月季具有枝条柔韧、易弯曲的特点。

月季的枝条每开一次花就会变硬一些。在生长过程中，反季开花次数越少的品种枝条越不容易硬化，因此，虽然各个品种的枝条粗细不同，但从大体上来说，一季开花性品种的枝条易弯曲，有利于进行牵引。柔韧的枝条会为景致增添几分灵动之感。可以说，花朵像瀑布一样盛开时变化万千及柔美的形态确实是一季开花性品种独有的特点。

2 惊人的花量与茂密的枝叶令人瞩目

挑选月季不容忽视的一个关键点是花量。藤本月季中的中、小型植株品种多为多花性，

尤为推荐。

如果月季的花量很多，那么即使枝条看起来不适合牵引，也能呈现出迷人的景致。在植株开花时仔细观察，就能明白来年应该怎样对其进行牵引。即使是大花月季，也有像“藤本墨红”和“龙沙宝石”那样花量多的品种，因

此，在购买前可以先查阅商品宣传手册或咨询园艺商店等。

此外，叶子是否茂密、是否美观也很重要。尤其是一季开花的品种，与花相比，人们观赏叶片的时间更长。枝叶会占据庭院的大部分空间，因此，叶片是否美观也十分重要。

比如，“藤本夏之雪”与“蓝色漫步者（蓝蔓月季）”呈绿色且带有光泽的叶片令人印象深刻。而“阿贝卡·巴比埃”与“弗朗索瓦·朱朗维尔”呈深绿色且带有光泽的叶片则具有抗病性，夏季时绿荫如盖，魅力十足。

“宝藏”这个品种会长出红色的新芽，十分美丽，不过“普兰蒂尔夫人”与“拉马克将军”等品种的绿色叶片也富有韵味，具有藤本月季独有的清新之感。

3 享受香气、观赏果实

应该有很多人想要种植带有香气的藤本月季吧！即使每朵花只散发出微香，但由于大部分藤本月季花量都很多，所以许多花一起开放就会使得香气浓郁。就算是木香蔷薇与野蔷薇这样的小花朵，在盛开时满溢的甜美香气也沁人心脾。

藤本月季中以香气怡人而闻名的品种有“藤本墨红”“西班牙美人”与“藤本希灵登夫人”等。此外，还有具有大马士革玫瑰香型的古典玫瑰类及英国月季等香气浓郁的品种。

如果你觉得自己所栽培的藤本月季香气不明显，也可以从四季开花性月季中挑选香型优雅的浓香品种与其搭配，或在其旁栽培英国月季作为点缀。只要肯花心思，就能体验月季开花时香气四溢的美妙。

另一方面，也有许多月季爱好者关注月季的果实（玫瑰果）之美。

以原种蔷薇等为代表的瓣数少的蔷薇易结果。月季的品种不同，其果实的形状、大小、颜色也不同，因此观赏起来乐趣十足。冬天的庭院内很少有花朵会开放，但玫瑰果能给人带来喜悦，还可以用其制作花环等。

在“浪漫玫瑰”“海峡”“佩内洛普”“科妮莉亚”等四季开花性蔷薇与反季开花性藤本月季中，有些品种也能结出美丽的果实。只要在秋季开花后保留花蒂，就能观赏到这些品种的果实。

灵活利用支撑物牵引藤本月季

1 花朵在墙面上盛开

墙面是很适合用来牵引藤本月季的场所。在墙面上钉上小螺钉，挂上铁丝，只要有这些能够让枝条攀附的结构，大部分品种的藤本月季都能攀缘上去。如果你是月季栽培新手，除了要考虑前面所说的花量与叶茂等条件，还要尽量挑选少刺的品种，这样之后打理起来会比较轻松。

利用花门等支撑物进行牵引时也要注意，月季要尽量贴着墙面种植，这样才能看起来与墙面浑然一体，且易牵引。

此外，月季的枝条原本是呈放射状生长的，因此，比起一面墙，在两面处于不同平面的墙上进行牵引的效果更好。甚至还可以紧挨着墙边搭起不在同一平面的花门等，尽可能将枝条牵引至各个方向。这样一来，不仅月季花的景致更加灵动，牵引工作也会变得容易得多。

2 花朵在花篱上盛开

较高的花篱和墙面一样适合牵引多种品种。而适合用一两米高的矮花篱进行牵引的品种有限。

如果用矮花篱进行牵引，那应该选择新梢向水平方向而不是垂直方向生长的品种。就品种而言，可以选择继承了光叶蔷薇血统的“蔓性光叶蔷薇”，如“阿贝卡 · 巴比埃”“弗朗索瓦 · 朱朗维尔”“约克郡”与“保罗 · 阿尔夫”，以及反季开花的品种——“海泡石”等。在古典玫瑰中，“红衣主教黎塞留”等枝条较细且容易垂下的品种比较适用。

在栽培藤本月季时，可能许多人都会经历植株开花后新梢猛长，打理起来无从下手的困境。如果你已经种植了这样的品种，可以追加花门等支撑物，将枝条向上方牵引。如果是枝条向水平方向生长的品种，那也适合用高大的花篱或在窗户四周进行牵引。枝条越柔韧，牵引的自由度就越高，因此，适用牵引的范围也会扩大。必须坚持的一点是，由于攀缘性强的品种很多，所以要事先确认其枝条能攀缘到多高的地方。

3 花朵在花门与花塔上盛开

想要呈现出花门与花塔的美感，就要使其从上到下覆满花朵。这类支撑物比墙面与花篱要小，但正因为如此，在挑选品种时才有几项必须满足的条件。

首先，要选择花量多的品种。藤本月季一般具有枝条一弯曲就会开花的习性，但选用即使不弯曲枝条，植株上下也能开满花的品种更好。特别是利用花塔进行牵引时，选择枝条纤细、易弯曲的品种十分关键。如果花茎过长，那花朵就会“浮”在用于牵引的花门或花塔上，无法呈现出支撑物与植株浑然一体的美感，因此，花茎短也是选择的重要条件之一。

虽说兼具上述条件的月季品种并不少，但在开出中、小型花朵的品种里有十分适合的。例如，“红衣主教黎塞留”与“昂古莱姆公爵夫人”，红色大马士革玫瑰与“拉布瑞特”等。反季开花品种有红色诺伊斯氏蔷薇与“暮色”“费利西亚”等。

反之，在牵引枝条纤细且只能长到长 2 米左右的四季开花的灌木性品种，如中国月季等时，也是讲究方法的。如果是灌木性品种，就不会从植株顶部长出粗枝而破坏株型，因此能够牵引成理想的拱形，但牵引时也有适用品种有限及四季开花性品种生长缓慢的难点。

虽然如此，栽培四季开花的灌木性蔷薇还是应该挑战一下的，因为这样就能观赏到一年四季不断开花的花门。还可以将花门的一边用四季开花性品种，另一边用古典玫瑰等长势强劲的藤本月季来做造型，效果也十分惊艳。

姬野由纪，自幼爱好植物与鸟类。曾做过 5 年职场白领，之后辞职，进入村田玫瑰园，师从村田晴夫先生（现已故）。2012 年接手八岳农场的业务，创建了姬野玫瑰园。长年研究不同玫瑰品种的栽培、保存与应用等。

小灌木性月季

小灌木性月季

半蔓性月季即小灌木性月季

树干与枝条直直地向上生长的月季称为“灌木性”月季，枝条长得很长的月季称为“藤蔓性”月季。特征在这两者之间的月季称为“半蔓性”月季，也就是小灌木性月季。说得更精确一些，则是指半蔓性月季中的现代小灌木性月季。

其中，枝条很长的品种可以当作小型藤本月季来打理。若作为盆栽或种植在狭小的场所中，则可以在植株开花后进行强剪，当作灌木性月季品种来打理，是易栽培的月季品种。

小灌木性月季不用费心修剪也能自然生长，但不修剪，植株会长得很高，且只在顶部开花。

这一月季品种的花色、花型丰富，还有浓香品种。每个品种的植株大小、枝条粗细、硬度等都各不相同，但枝条纤细、柔韧、无法自立的品种占大多数。

天方夜谭

品种：小灌木性月季
产地：日本
株高：约 120 厘米
花朵直径：6~8 厘米

花瓣顶部呈小尖状，独具个性，香气也很有特点，会散发出大马士革玫瑰香与茶香中带有水果香的气味。它是育种家木村卓功培育出的品种。

四季开花的小灌木性月季要在每年的一、二月进行修剪。要剪掉整株的 1/3，或短截 20 厘米左右，这样春季长出的新梢才能茁壮生长。

小灌木性月季

樱色花束

半重瓣型 一

花色为玫红色，花形看起来雍容华美。花量多，独特的圆形叶片及枝条富有个性。

可攀缘约350厘米 · 花朵直径约7厘米

拉布瑞特

杯型 一

粉色杯型花朵惹人喜爱。虽然是一季开花性，但花朵开放时间持久。花量多，几乎上一年的枝条上都会开花。枝条呈扩张性生长，易牵引。耐暑性稍差。

可攀缘约360厘米 · 花朵直径约5厘米

维森

杯型 反

花瓣表面为粉色，背面为深粉色，独特的杯型花型十分美观。反季开花频繁，叶片有光泽，可以观赏很长一段时间。枝条坚硬、不易弯曲，适合利用墙面进行牵引。

可攀缘约350厘米 · 花朵直径约8.5厘米

弗里茨 · 诺比斯

半重瓣型 一

淡粉色花朵略微透出玫红色，成簇开放，十分美观。春季开花，秋季结果。主干呈直立性，树势旺盛，可以广泛种植于各类场所。

可攀缘约300厘米 · 花朵直径约8厘米

娜露米卡塔

单瓣型 一

开深粉色单瓣小花，中心呈白色，花量很多。枝条上几乎无刺，呈弓状生长。秋季会结很多圆形果实。

可攀缘约350厘米 · 花朵直径约2.5厘米

雷切尔 · 斯 · 莱昂

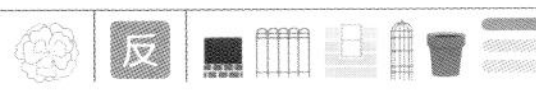

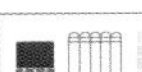

半重瓣型 反

橘色花朵晕染着杏黄色，开花后花色变浅，可欣赏到美丽的渐变景致。枝条稍呈直立性，适合用植物攀爬架等支撑物进行牵引。有反季开花。须注意预防黑星病。

可攀缘约250厘米 · 花朵直径约7厘米

蔷薇物语

重瓣型 一

小小的重瓣花朵的花瓣上略微晕染着粉色，盛开时覆盖整个枝条。是无刺、好打理的品种，发现于姬野玫瑰园的八岳农场。

可攀缘约350厘米 · 花朵直径约2厘米

西方大地

圆瓣平展型 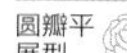 

花瓣呈波浪状，花色为澄净的朱红色，十分美丽。数朵花成簇开放，植株会一直反季开花至夏季。适合当作藤本月季来打理，也可以在冬季进行强剪，使其自立。抗病性较强。

可攀缘约350厘米·花朵直径约8厘米

猩红余烬

单瓣型  

深红色花朵开满枝条的样子如同火焰燃烧一般。秋季结大果，直径约2厘米。枝条富有魅力。

可攀缘约300厘米·花朵直径约9厘米

完美艾尔西·克罗恩

莲座型   

花色很美，越靠近花朵中心，乳白色越浓。优雅的莲座型花型富有魅力。植株的耐寒性强，花期早。枝条坚硬，较适合月季种植的老手种植，可以尝试对枝条进行墙面牵引等。

可攀缘约350厘米·花朵直径约7厘米

红衣主教休姆

杯型  

花色为紫红色，富有韵味且美观，衬托着黄色花蕊，分外醒目。花朵成簇开放，花量多，反季开花频繁。植株的主干呈直立性，可以利用侧枝进行牵引。

可攀缘约250厘米·花朵直径约5厘米

春风

圆瓣环抱型  

花瓣表面为玫红色，背面为黄色，花色绚丽。数朵花成簇开放，花量多，开放时间持久。枝条少刺、柔韧，易牵引。植株长势旺盛，抗病性很强。

可攀缘约400厘米·花朵直径约5厘米

内华达

半重瓣型  

花瓣像羽毛一般雅致。春季花量很多，偶尔会反季开花。植株长势旺盛，一旦生根，就会迅速长出枝条。须注意预防黑星病。

可攀缘约350厘米·花朵直径约8.5厘米

美人鱼

单瓣平展型　反

数朵浅黄色的花成簇开放，十分美观。枝条上有大大小小的尖刺，在打理时要格外小心。树势旺盛，能长至高4米左右。是日本冲绳硕苞蔷薇的杂交种。可攀缘约400厘米·花朵直径约9厘米

群星

绒球型　一

花苞呈红色，与盛开的洁白花朵相互映衬，十分美观。花朵成簇开放，开放时间持久。树势旺盛，植株高大。枝条纤细、无刺，易牵引。

可攀缘约350厘米·花朵直径约3厘米

淡雪

圆瓣单瓣平展型　反

清秀的白色单瓣花十分美观，与黄色花蕊交相辉映。花量多，植株会频繁地反季开花。树干到约50厘米高处是直立的，再往上就开始向水平方向生长。植株上刺多且尖锐。可攀缘约200厘米·花朵直径约3.5厘米

保罗·阿尔夫

半重瓣型　反

在黄色系蔷薇中是耐寒性、生命力较强的品种。花量多，花朵盛开时几乎覆满植株。枝条向水平方向生长，适合用低矮的花篱进行牵引。具有反季开花性。

可攀缘约400厘米·花朵直径约7厘米

杰奎琳·杜普雷

杯型　多

纯白色大花朵中间的红色花蕊格外醒目。虽然花朵开放时间不持久，但能频繁地开花。由于花朵集中开放于上一年枝条的顶端，因此在修剪、牵引时要注意使枝条错落有致。可攀缘约250厘米·花朵直径约9厘米

金色翅膀

单瓣型　多

澄净的淡黄色单瓣大花上晕染着明黄色，非常独特。花量多，花期早，植株会反复开花。在打理时可发挥其小型灌木性月季的树形优势。须注意预防黑星病。

可攀缘约200厘米·花朵直径约9厘米

炼金术师

四分莲座型　一

花朵开放时，优雅的浅杏黄色花朵覆满枝条，花量多，开放时间持久。枝条具有攀缘性，虽有些硬，但易牵引。植株耐寒性较强，树势旺盛，但须注意预防黑星病。可攀缘约350厘米·花朵直径约7厘米

杂交茶香月季

杂交茶香月季

香水月季与杂交长春月季的“混血儿”

古典玫瑰中的香水月季呈四季开花性且为灌木性，植株笔直向上生长。花、叶大，茁壮，最关键的一点是香气馥郁。此外，杂交长春月季是经过很长时间，由各种古典玫瑰杂交培育出来的品种，其花朵更为硕大，且四季不断开花。“长春”含义为“永久”。由上面两个品种培育出的杂交茶香月季是现代月季诞生的标志。

1867 年，杂交茶香月季“法兰西”诞生。它是世界上第一株杂交茶香月季，具有纪念意义。在它诞生以后，又有许多富有个性的月季品种问世。1945 年，法国玫昂国际月季（玫瑰）公司培育出杂交茶香月季——“和平”，这一品种包含了祈盼世界和平的心愿，随后，杂交茶香月季迎来了它的“黄金时代”。花朵硕大、花形看起来雍容华美、四季开花、易栽培的杂交茶香月季成了蔷薇界的代表性品种。

轮廓分明而高雅的姿态

1952 年，日本高岛屋百货商场在设计包装纸时采用了玫瑰图案，以表达“不分季节，人人倾慕之美”的理念。

玛格丽特公主

品种：杂交茶香月季
产地：法国
株高：约 130 厘米
花朵直径：约 10 厘米

该品种的植株会开出呈半剑瓣高芯型的粉色花朵。植株偏直立性，能长得很高。

杂交茶香月季

罗马的荣耀

半剑瓣杯型  四

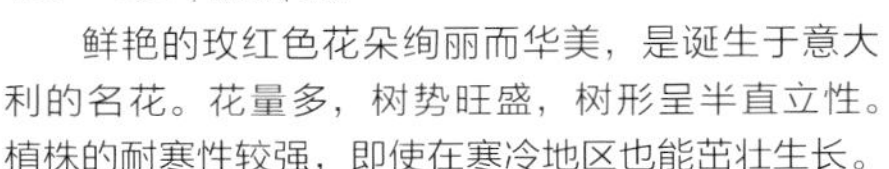

鲜艳的玫红色花朵绚丽而华美，是诞生于意大利的名花。花量多，树势旺盛，树形呈半直立性。植株的耐寒性较强，即使在寒冷地区也能茁壮生长。

株高约130厘米 · 花朵直径约12厘米

糖果条纹

圆瓣酒盏型  四 

它是“粉和平”的枝变异品种，花瓣上带有扎染状条纹，色彩绚丽。虽然花瓣上条纹的分布没有规律，但花量多，并且具有类似水果的浓香。新手也能养活。

株高约120厘米 · 花朵直径约10厘米

十全十美

剑瓣高芯型  四 

花色类似象牙色，花瓣上带有粉色镶边，花型优美。花量多，有香气。树形呈直立性，树势旺盛，茎也非常坚硬。这一品种作为杂交亲本亦十分合适。

株高约130厘米 · 花朵直径约10厘米

麦克法兰总编

剑瓣高芯型  四 

绚丽的深粉色花朵外瓣硕大，有着剑瓣花瓣。花量多，枝条呈半扩张性，能茁壮生长。香气浓郁，是美感卓越的名花。

株高约120厘米 · 花朵直径约11厘米

爱尔兰的优雅

单瓣平展型  四

该品种是罕见的单瓣型杂交茶香月季之一，独特的橘粉色富有韵味。花量多，有些花朵会成簇开放。树形呈半扩张性，能茁壮生长。现在是稀少的品种。

株高约130厘米 · 花朵直径约8厘米

信用

半剑瓣高芯型  四  

淡粉色的细腻花色与硕大的花朵外瓣富有魅力，花型独特而优美。花朵堪称巨花，花量很多。植株的抗病性稍差，但树形呈半扩张性，生长状况良好。

株高约120厘米 · 花朵直径约12厘米

安妮·莱茨

剑瓣高芯型  四

花瓣表面为粉色，背面为浅粉色。花型为剑瓣高芯型，十分美观，作为切花很受欢迎，在月季大赛上也十分常见。树形呈半扩张性，拥有美观的深绿色叶片。

株高约120厘米 · 花朵直径约11厘米

摩纳哥王妃格蕾丝

半剑瓣环抱型  四 

这一品种是为了纪念摩纳哥公国已故王妃格蕾丝而培育的。越往花瓣顶部粉色越深，饱满的花形富有魅力。香气高雅而迷人。枝条呈半扩张性生长，植株能长成大型灌木。

株高约130厘米 · 花朵直径约12厘米

香山

半剑瓣高芯型 四

花色为澄净的粉色，花香怡人。既适合在花坛中栽培，也适合盆栽，作为切花也富有魅力。这一品种是日本的育种家——寺西菊雄培育的。花量很多，树势旺盛。

株高约120厘米 · 花朵直径约11厘米

舞姬

半剑瓣高芯型  

这一品种是典型的墨林月季，花色为粉色中晕染着橘色。花瓣密集，花形饱满，富有魅力。花朵有茶香，树形呈半扩张性。

株高约100厘米 · 花朵直径约12厘米

芝加哥和平

半剑瓣高芯型  

它是“和平”的枝变异品种。花朵中心呈橘黄色，越靠近花瓣顶部玫红色越深，因色彩绚丽而广受欢迎。继承了亲本花量多的优点，旺盛的树势与光叶也富有魅力。

株高约130厘米 · 花朵直径约12厘米

粉和平

圆瓣酒盏型 

这一品种是弗朗西斯 · 玫昂晚年的杰作。圆瓣花朵看起来落落大方，散发出水果香。虽然枝条纤细，但树势旺盛，花量也很多。适合种植在花坛中。

株高约130厘米 · 花朵直径约11厘米

蒂芙尼

半剑瓣高芯型  

花色绚丽，粉色花瓣的根部晕染着黄色。通常开单花，枝条茂密，花量多，香气甜美。植株长势旺盛，是易栽培的品种。

株高约120厘米 · 花朵直径约10厘米

夏洛特 · 阿姆斯特朗

圆瓣酒盏型  

其父本为“墨红”。花朵硕大，花色为玫红色，花瓣上带有白线状镶边，花量多，树形呈半直立性。其旺盛的树势广受好评，且作为杂交亲本培育出了许多名花。

株高约150厘米 · 花朵直径约12厘米

粉色光彩

半剑瓣高芯型 

花色为绚丽的粉色，饱满的花形十分美观。枝条稀疏，花量不多，但花型与香气迷人。富有韵味的叶片将看起来雍容华贵的花朵衬托得更为美丽。

株高约120厘米 · 花朵直径约10厘米

伊迪丝 · 海伦夫人

半剑瓣高芯型 

艳丽的粉色花朵会散发出迷人的芳香。枝条稀疏，生长缓慢，但花形美观。这一品种是名花。

株高约130厘米 · 花朵直径约10厘米

一线光明

剑瓣高芯型  

花色为粉色，花瓣顶部带有深粉色镶边，花色柔和。在寒冷地区种植时花色会变深。树形呈半扩张性且端正，植株茁壮，呈美观的丛状。香气怡人，花型端庄。

株高约100厘米 · 花朵直径约10厘米

纪念

剑瓣高芯型　四

花朵硕大，花色为澄净的粉色，是花型端庄的月季。树形呈半扩张性，树势不旺盛。植株稍矮，更显精致。深绿色叶片呈革质。

株高约100厘米 · 花朵直径约10厘米

海伦 · 特劳贝尔

半剑瓣高芯型　四

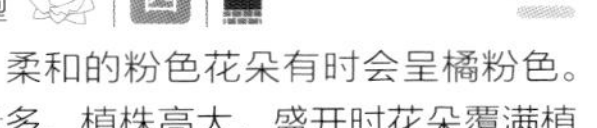

柔和的粉色花朵有时会呈橘粉色。花量多，植株高大，盛开时花朵覆满植株，十分壮观。花朵有茶香。以美国女高音歌唱家海伦 · 特劳贝尔的名字命名。

株高约200厘米 · 花朵直径约11厘米

初恋

剑瓣高芯型　四

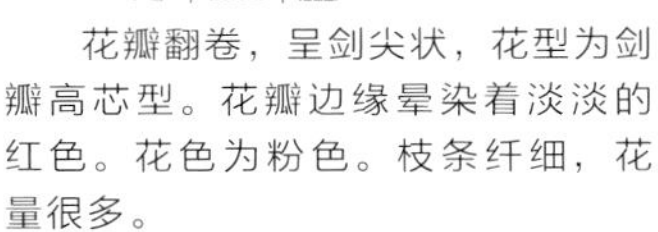

花瓣翻卷，呈剑尖状，花型为剑瓣高芯型。花瓣边缘晕染着淡淡的红色。花色为粉色。枝条纤细，花量很多。

株高约100厘米 · 花朵直径约10厘米

米歇尔 · 玫昂

半剑瓣高芯型　四

它是“和平”系列月季的代表性品种之一。花色为雅致的粉色，花量很多。纤细的枝条透出红色，株型美观。植株的抗病性不强，需要定期喷洒农药。

株高约120厘米 · 花朵直径约10厘米

青尼罗河

半剑瓣高芯型　四

花色为浅紫色，部分花瓣顶部为深紫色，花朵硕大而美丽。由于其花量少，枝条稀疏，因此要进行充分的肥培管理。株型会越长越端正。

株高约150厘米 · 花朵直径约12厘米

童话女王

剑瓣高芯型　四

硕大的淡粉色花朵有着美丽的花型。花瓣的瓣质佳，很少被雨淋伤。树势旺盛，树形呈半直立性。它是 20 世纪 80 年代的代表性品种。

株高约150厘米 · 花朵直径约11厘米

亨利 · 福特

半剑瓣高芯型　四

花朵硕大，花色呈粉色，花朵开放时垂头，风格独树一帜，无愧于“汽车大王”的名号。株型端正，很适合作为花坛中的种植品种。香气浓郁也是其魅力之一。

株高约150厘米 · 花朵直径约9厘米

费尔南 · 阿尔勒

半剑瓣高芯型　四

据说这一品种是由法国育种家戈雅尔培育的，其饱满的花型与柔和的粉色花色富有魅力。随着季节的变化，花色的变化也很大。树形呈半扩张性。有茶香。

株高约120厘米 · 花朵直径约12厘米

戈雅尔玫瑰（奇异玫瑰）

半剑瓣高芯型  四

白色花瓣上带有玫红色镶边，花瓣数甚至有80多片。枝条坚硬、结实，光叶十分美观。花朵在淋雨后有时不能全开。这一品种算是戈雅尔培育出的名品之一。

株高约120厘米·花朵直径约10厘米

德累斯顿

半剑瓣环抱型 四

这一品种以类似珍珠颜色的花朵而闻名。花瓣数量多，与深绿色叶片搭配在一起很迷人。丛状株型十分美观，花量多，适合作为在花坛种植的品种。浓郁的香气惹人喜爱。

株高约120厘米·花朵直径约11厘米

格罗苏富尔的伊娃

杯型  四 

此月季类似同属杂交茶香月季的“维索尔伦”，但是其叶片上无斑点。柔和的粉色花色中透着些许肉色。简洁的花形也是其魅力之一。花量很多。

株高约80厘米·花朵直径约9厘米

香久山

剑瓣高芯型   四 

花形雅致，乳白色中晕染着淡粉色的花色十分美丽。树势不太旺盛，生长缓慢，但花量多。大马士革玫瑰香与水果香混合在一起的香气也富有魅力。

株高约100厘米·花朵直径约12厘米

法兰西

半剑瓣高芯型  四

它是知名的首席杂交茶香月季。花瓣表面为浅粉色，背面为深粉色，花瓣数量很多。花朵会散发出以大马士革玫瑰香为基调的芳香。花量多，株型美观，是适合在花坛中栽培的品种。

株高约120厘米·花朵直径约10厘米

冠群芳

半剑瓣高芯型 四

花瓣表面为有光泽的粉色，背面的颜色更深一些，外瓣与花朵都十分硕大、美观。虽然花期早，但瓣质佳，花量也多。花朵带有茶香，树形呈半直立性，枝繁叶茂。

株高约100厘米·花朵直径约12厘米

拉荷亚

半剑瓣高芯型 四

花色为黄色中晕染着粉色，会随季节变化而变化。在细高的植株上开满花朵，很适合作为切花。花朵会散发出醇厚的茶香。

株高约150厘米·花朵直径约9厘米

玛格丽特·麦格雷迪

圆瓣酒盏型　四

它是月季名花“和平”的亲本。花朵硕大，花色为深玫红色。花量多，树形端正，深绿色光叶与旺盛的树势也遗传给了“和平”。

株高约120厘米·花朵直径约10厘米

淘金者

圆瓣杯型　四

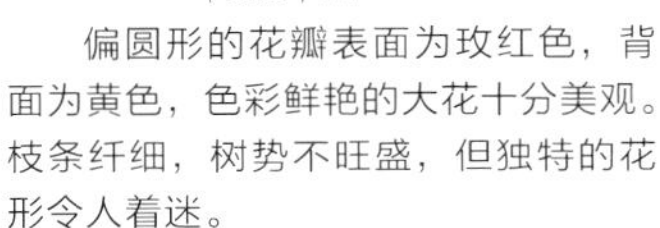

偏圆形的花瓣表面为玫红色，背面为黄色，色彩鲜艳的大花十分美观。枝条纤细，树势不旺盛，但独特的花形令人着迷。

株高约130厘米·花朵直径约11厘米

南方艳阳

剑瓣重瓣型　四

花色为深粉色，外瓣的颜色稍浅，色彩的晕染十分美丽。这一品种的花朵不算太大，许多花同时开放。枝条纤细，生命力强，植株较高，因此要栽培在花坛后方。

株高约80厘米·花朵直径约8厘米

爱德华·埃里奥夫人

剑瓣酒盏型　四

花色独特，在珊瑚色的花瓣根部晕染着黄色和橘黄色。花瓣数量少，花朵开放迅速，花型柔美，花朵会散发出淡淡的茶香。植株上有大刺。

株高约100厘米·花朵直径约9厘米

卡罗琳·特斯奥特夫人

剑瓣环抱型　四

这个品种是较早的杂交茶香月季之一。它是为了解决“法兰西”的不育性问题而被培育出来的。花色为淡粉色，花朵开放时，花瓣环抱着中心。作为杂交亲本来说也是十分优异的品种。

株高约80厘米·花朵直径约8.5厘米

俏丽贝丝

单瓣平展型　四

这一品种开单瓣型花朵，花色为澄净的粉色，与紫红色花蕊交相辉映。植株上既有单花，也有数朵成簇开放的花，花朵次第开放。树形呈半直立性，呈细高的丛状。最好定期喷洒农药。

株高约120厘米·花朵直径约10厘米

皮埃尔·欧拉夫人

半剑瓣高芯型　四

花朵硕大，花色为深玫红色，层层叠叠的花瓣看起来雍容华贵。花量多，花朵会散发出浓郁的大马士革玫瑰香。其枝条和树形都很纤细。

株高约100厘米·花朵直径约10厘米

幸福

半剑瓣高芯型　四

这一品种堪称玫昂红色系月季特征的“集大成者”。其花瓣的质地像天鹅绒一般，瓣质、花型俱佳，越靠近花朵中心，花色越深。树势很旺盛。

株高约150厘米·花朵直径约11厘米

厄休拉夫人

剑瓣环抱型  四

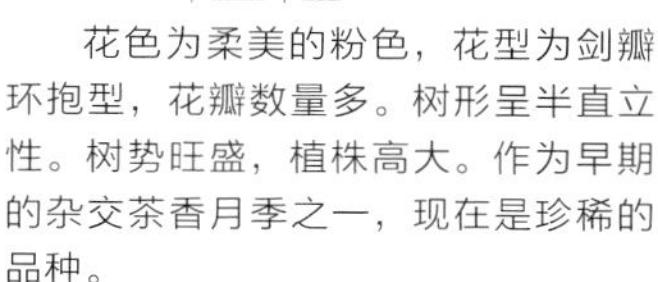

花色为柔美的粉色，花型为剑瓣环抱型，花瓣数量多。树形呈半直立性。树势旺盛，植株高大。作为早期的杂交茶香月季之一，现在是珍稀的品种。

株高约200厘米・花朵直径约10厘米

蝴蝶夫人

半剑瓣高芯型  四

在月季名花“奥菲莉亚”的枝变异品种中，它最为知名。花色为偏深一些的粉色，花瓣根部有些许黄色。怡人的芳香及树势都遗传自“奥菲莉亚”。植株茁壮，易栽培。

株高约130厘米・花朵直径约9厘米

基拉尼

半剑瓣高芯型  四 

与给人以柔美印象的月季枝条相反，该品种的枝条具有典型的杂交茶香月季的特征——非常坚硬。花色为粉色，花瓣根部晕染着白色。树形呈半直立性，花量多。

株高约100厘米・花朵直径约9厘米

玛丽・菲茨威廉夫人

半剑瓣高芯型  四 

这一品种是早期的杂交茶香月季之一，作为杂交亲本而闻名。花色为艳丽的粉色，花瓣背面的颜色更深一些。花量多，植株低矮而茂盛，耐寒性也很强。

株高约100厘米・花朵直径约10厘米

赫伯特・胡佛总统

半剑瓣高芯型  四

花色复杂，在杏黄色中晕染着粉色。花瓣厚实，脉络清晰可见，带有浓香。树形偏直立，植株高大且茂密。花量多，可用作切花。

株高约150厘米・花朵直径约10厘米

金枝玉叶

剑瓣高芯型  四 

花色为雅致的淡粉色，花型十分美观，在杂交茶香月季中也堪称珍品。带有光泽的叶片与树形十分美观。需要注意预防病害。是令人难以忘怀的名花。

株高约150厘米・花朵直径约11厘米

大溪地

半剑瓣高芯型  四 

花朵中心呈淡黄色，花瓣上带有粉色镶边，顶部呈波浪状。香气馥郁，继承了“和平”的优点。植株茁壮，长势旺盛。

株高约120厘米・花朵直径约11厘米

维索尔伦

圆瓣酒盏型  四

这一品种的最大特征就是叶片上有白色斑纹。花色为淡粉色。花朵成簇开放，香气怡人。花量虽多，但开放时间不持久。秋季发红芽。

株高约80厘米・花朵直径约9厘米

黄金权杖

剑瓣高芯型　四

花色为黄色，树形呈半直立性。花期短，树势旺盛。花量多，因花形“英姿飒爽”而风靡日本。

株高约120厘米 · 花朵直径约9.5厘米

天津乙女

剑瓣高芯型　四 

花色为鹅黄色，花瓣顶部黄色变浅，花型端庄。花量多，开放时间持久，十分美观。这一品种是寺西菊雄培育出的黄色月季名花，得到了世界性好评。

株高约120厘米 · 花朵直径约11厘米

金色阳光

剑瓣高芯型　四

这一品种是黄色系月季名花。花型端庄，开放时间持久。虽然它的树势不旺盛，栽培需要耐性，但也吸引了许多月季爱好者。

株高约90厘米 · 花朵直径约11厘米

威士忌麦克

圆瓣平展型　四

澄净的橘黄色花色令人联想到威士忌。花瓣呈优雅的波浪状，散发出甜美的茶香。树形呈半扩张性，枝条直立生长，花量多。

株高约120厘米 · 花朵直径约10厘米

阿琳 · 弗朗西斯

半剑瓣高芯型　四

花色为雅致的黄色，与具有光泽的青铜色叶片十分协调，是很美观的品种。日本曾有一段时间将它作为切花来种植。

株高约120厘米 · 花朵直径约10厘米

萨特的金子

剑瓣高芯型　四

橘黄色花朵给人活泼的感觉，花瓣顶部晕染着红色。树形呈半扩张性，植株上频发细枝，但株型端正。有浓香，这在黄色系月季品种中很罕见。

株高约120厘米 · 花朵直径约10厘米

迪克森祖父

剑瓣高芯型　四

花朵堪称巨大，花色为黄色，花瓣看起来很松散，花型饱满，十分美观。树形呈直立性，枝叶稀疏。别称“爱尔兰黄金”。

株高约80厘米 · 花朵直径约11厘米

安妮 · 勃朗特

半剑瓣杯型　四

淡黄色的花色十分美观，花瓣顶部晕染着些许粉色，花瓣呈波浪状，有茶香。花朵大小中等，花量多。树形呈半扩张性，枝条稍有些散开。

株高约90厘米 · 花朵直径约9厘米

皮埃尔·S.杜邦夫人

半剑瓣高芯型  四 

它是杂交茶香月季中最早的明黄色月季品种，作为杂交亲本，培育出了许多名花。花朵的开放速度快，树形呈直立性，花量多，植株茁壮。

株高约150厘米·花朵直径约9厘米

茱莉亚

半剑瓣环抱型 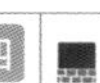 四

花色如加入了牛奶的咖啡一般，波浪状花瓣富有魅力。数朵花成簇开放，花量多，与青铜色叶片搭配在一起很美观。植株在生长初期长势缓慢，最好定期喷洒农药。

株高约150厘米·花朵直径约9厘米

处女座

圆瓣高芯型  

花朵在初绽时为乳白色，随着开放，逐渐变为纯白色，因端庄的花形被人们誉为“最美的白色月季”之一。这一品种是“冰山”的亲本，呈半扩张性生长。植株长势缓慢、低矮，但花量很多。

株高约90厘米·花朵直径约11厘米

黄色麦格雷迪

剑瓣高芯型  

花色为乳黄色，一部分花朵晕染着粉色，剑瓣高芯型的花型十分美观。它是麦格雷迪第三代传人的代表性月季品种之一，植株在生长初期枝条稀疏且长势缓慢。

株高约130厘米·花朵直径约10厘米

纪念克劳狄斯·泊奈特

半剑瓣高芯型  四

澄净的浅黄色花朵与醒目的光叶富有魅力。它是杂交茶香月季中最早出现的黄色品种。此后，它作为杂交亲本培育出许多四季开花性黄色月季。

株高约150厘米·花朵直径约8.5厘米

游园会

半剑瓣高芯型  

花色为白色，花瓣顶部晕染着粉色，色调宛如游园会一般流光溢彩。花朵巨大，花量多，有茶香。植株茁壮，呈半扩张性生长，须注意预防白粉病。

株高约120厘米·花朵直径约12厘米

纳西瑟斯

剑瓣高芯型 四

浅黄色的花色令人联想起象牙。花瓣层层叠叠，花形富有魅力。花朵开放时垂头，姿态具有一种独特的美感。

株高约100厘米·花朵直径约11厘米

白色羽翼

单瓣型 四

纤细的单瓣白花成簇开放，紫褐色的花蕊也很美。树形呈半直立性，枝条硬、结实。植株较茁壮，但也需要定期喷洒农药。株高约100厘米 · 花朵直径约10厘米

奥古斯塔 · 维多利亚皇后

剑瓣高芯型 四

株高约200厘米 · 花朵直径约10厘米

日本名为“敷岛”，广受喜爱，乳白色花色与层层叠叠的花瓣十分美观。花茎因花朵较重而弯曲。株型高大，花量很多。耐寒性也较强，植株长势旺盛。

玛西亚 · 斯坦霍普

半剑瓣高芯型 四

有透明感的白花格外耀眼，花朵初绽时尤为美丽。株型矮小而端正，花量多，散发出辛辣的芳香。深绿色的叶片与花朵十分协调。

株高约100厘米 · 花朵直径约9厘米

白色墨林

半剑瓣高芯型 四

这一品种曾是白色月季名花，花型呈饱满的半剑瓣高芯型。它也是“处女座”的亲本，两者的植株特征相似。但“白色墨林”比“处女座”的植株要高大一些，花朵大都成簇开放。

株高约130厘米 · 花朵直径约10厘米

衣通姬

剑瓣高芯型 四

花朵较大，白色花瓣根部晕染着绿色。花朵多为单花，花量不多。树形呈半扩张性，株型矮小而端正，树势一般，栽培难度较大。

株高约100厘米 · 花朵直径约12厘米

朱勒 · 布歇夫人

半剑瓣高芯型 四

花苞为红色，随着花朵的开放，逐渐变为白色。花朵大小中等，成簇开放，花量很多。花朵具有早期现代月季独有的柔美之感，株型端正。

株高约120厘米 · 花朵直径约9.5厘米

玛格丽特 · 安妮 · 巴克斯特

圆瓣环抱型 四

花朵硕大，花色为白色，花瓣多，盛开时花型为莲座型。花朵会散发出以大马士革玫瑰香为基调的怡人香气。这一品种枝条稀疏，花量不多。

株高约120厘米 · 花朵直径约10厘米

雪香

半剑瓣高芯型 四

花色为白色，花朵中心处略微透出乳白色。如芍药般的花型十分美观。树形偏直立性、端正，花量多。如其名“雪香”一般，会散发出怡人的水果香。

株高约100厘米 · 花朵直径约9厘米

伊娜·哈克尼斯

剑瓣高芯型  四

红色系月季，花瓣如天鹅绒一般，花型为剑瓣高芯型，十分端正。春季开花时很美，树形呈半扩张性。这一品种是“墨红”的后代，在日本备受人们喜爱。

株高约100厘米·花朵直径约10厘米

甜美的阿夫顿

圆瓣高芯型  四

花朵硕大，花色为很浅的粉色，近乎白色。香气独特，类似水仙。枝条稀疏，但分枝多，植株高大且茁壮。一般许多花朵一齐开放。

株高约180厘米·花朵直径约10厘米

奶油色的麦格雷迪

剑瓣高芯型  四

花色雅致，略微透出象牙色。花型为剑瓣高芯型，用作切花十分美观。树形呈半直立性。虽然是花型端正的古典名花，但在现代也广受人们喜爱。

株高约130厘米·花朵直径约10厘米

英格丽·褒曼

半剑瓣高芯型  四

花形端正且瓣质佳，绯红色花朵熠熠生辉、十分美观。树形呈半扩张性、端正，虽然长势缓慢，但花量多。抗病性不强。

株高约100厘米·花朵直径约10厘米

奥古斯丁·基努瓦索

剑瓣环抱型  四

它是“法兰西”的枝变异品种，花色为淡粉色。拥有怡人的香气，花朵与绿叶相互映衬，给人一种明艳动人的印象。花量多，株型端正，很适合在花坛里栽培。

株高约100厘米·花朵直径约9厘米

本拿比

剑瓣高芯型   四

花朵硕大，花色为浅黄色，剑瓣高芯型的花型十分美观。花量不算多，树形呈半直立性。植株较为矮小，因此很适合盆栽。

株高约100厘米·花朵直径约12厘米

维苏威火山

单瓣型  四

这一品种是早期的单瓣红色系月季，十分罕见，红色花瓣与黄色花蕊对比起来十分显眼。数朵花成簇开放，别有一番雅趣。枝条多刺、略纤细，但长势旺盛。树形呈半直立性。

株高约100厘米·花朵直径约8.5厘米

奥菲莉亚

半剑瓣高芯型 四

花色为淡粉色中晕染着杏黄色，半剑瓣高芯型的花型十分端庄。花朵散发出甜美的香气，花量多。这一品种树势旺盛，作为杂交亲本培育出许多月季品种，是重要的名花。

株高约130厘米·花朵直径约9厘米

查尔斯·兰普洛夫

剑瓣环抱型   四

花色为象牙色，花朵中心呈深黄色，花瓣数量多且花型为剑瓣环抱型，富有魅力。散发出甜美的茶香，花量多。树形呈半扩张性，是作为杂交亲本的名花。

株高约100厘米·花朵直径约10厘米

约瑟芬·布鲁斯

深红色花瓣如天鹅绒一般，如果栽培在气候较寒冷的地区则花色会偏暗红色。花蕊偏向一边生长，独特的花形富有魅力。花朵成簇开放，花量多。树形扩张性强，植株呈丛状。须注意预防白粉病。

株高约90厘米·花朵直径约9厘米

卡门

半剑瓣高芯型 四

这一品种的杂交亲本是"墨红"，暗红色花朵散发出浓郁的香气。花量多，植株茁壮，易栽培。树形呈半直立性。须注意预防白粉病。

株高约150厘米·花朵直径约12厘米

哈德利

剑瓣酒盏型 四

花朵大小中等，花型端正，花色为深玫红色。花朵成簇开放，枝条纤细，令人联想起中国月季。新枝生长频繁，植株呈丛状且十分茂盛，因此很适合在花坛里栽培。花朵会散发出浓郁的水果香。

株高约120厘米·花朵直径约8厘米

香云

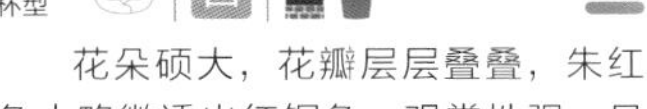

花朵硕大，花瓣层层叠叠，朱红色中略微透出红铜色，观赏性强，且散发出带有典型水果香的怡人香气。花朵开放时间持久，树形呈半直立性，常被用作杂交亲本。

株高约120厘米·花朵直径约10厘米

墨红

半剑瓣高芯型 四

据说这一品种是首株花瓣有着类似天鹅绒质地的深红色月季，是曾作为红色系月季品种的杂交亲本。植株长势缓慢，但只要精心栽培就能引人注目。花量多，香气浓。

株高约80厘米·花朵直径约9厘米

夜曲

得名于肖邦的《夜曲》。花色为深红色，略微发黑，花量很多。花梗因花朵的重量而下垂。随着花朵的开放，花色逐渐变为紫红色，散发出迷人的大马士革玫瑰香。

株高约120厘米·花朵直径约11厘米

夏尔·墨林

半剑瓣高芯型

花朵硕大，花色为暗红色，会散发出大马士革玫瑰香。枝条稀疏且长势缓慢，因此，其缺点是难以修整株型，但花量惊人。

株高约130厘米·花朵直径约12厘米

莫哈维

剑瓣高芯型 四

朱红色的花色象征着莫哈维沙漠的落日，内瓣逐渐变黄。株型细高，树形呈直立性。花量多，花朵散发出茶香。叶片为深绿色的光叶。

株高约150厘米·花朵直径约9厘米

君心

剑瓣高芯型 四

花朵不算大，但是剑瓣高芯型花型十分端庄。艳丽的花朵几乎不褪色，花朵也不易被雨淋伤。勤剪花蒂，下次就能早开花。花量多，植株少刺。

株高约120厘米·花朵直径约10厘米

红茶

半剑瓣平展型 四

花色为深红褐色，温度越高，花色越红。树形呈直立性。植株如果在花盆中栽培，就很难长出粗枝，不过栽培的时间越长，就越容易结果，植株也会变得十分茂盛。须注意预防白粉病。

株高约100厘米·花朵直径约10厘米

克莱斯勒帝国

半剑瓣高芯型 四

花色为暗红色，端庄的花形十分美观。香气浓郁，植株的树形偏直立性，能长得很端正。这一品种作为杂交亲本培育出了众多名花，是红色系月季历史上重要的品种。

株高约100厘米·花朵直径约10厘米

林肯先生

圆瓣高芯型 四

暗红色花朵形态饱满且“威风凛凛”，香气浓郁。植株茁壮且呈直立性，深绿色叶片茂密，能长成高150 厘米以上的植株。

株高约150厘米·花朵直径约11厘米

墨绒

半剑瓣高芯型 四

花色在暗红色中透着些许紫色，独具特色，饱满的花朵散发出浓郁的水果香。需要特别注意预防白粉病，但花量多，树势旺盛，适合在花坛里栽培。

株高约120厘米·花朵直径约11厘米

穆拉德禧

半剑瓣高芯型 四

花朵硕大，花色为亮玫红色，花型优美，花色艳丽。瓣质佳，花量多，花朵有香气。植株尤为茁壮。别称“电子”。

株高约120厘米·花朵直径约11厘米

铂金

半剑瓣高芯型 四

这一品种是“英格丽·褒曼”的亲本。鲜艳的花朵几乎不褪色，花朵开放时间持久。可以开出美丽的花朵。植株茁壮，树势旺盛，花量多。

株高约130厘米·花朵直径约10厘米

篝火

剑瓣高芯型 四

它是月季名花“皮卡迪利”的枝变异品种，花色为橘色中晕染着朱红色，花瓣上带有黄色的扎染状条纹，花瓣根部及背面为黄色。其花量多且花色艳丽，令人过目不忘。

株高约120厘米 · 花朵直径约10厘米

秋天

圆瓣重瓣型  四 

花瓣表面为珊瑚红色、背面为黄色，对比鲜明，十分美观。树形呈半扩张性，株型矮小而端正。花茎短，花量堪比丰花月季，富有魅力。

株高约80厘米 · 花朵直径约9厘米

夜晚

半剑瓣高芯型  四 

花色为深红色，略微透着黑色，花形端庄，花瓣的质感如天鹅绒一般，散发出浓郁的大马士革玫瑰香。花量多，植株茁壮且抗病性强，易栽培。

株高约120厘米 · 花朵直径约10厘米

格拉纳达

半剑瓣高芯型 四

乳黄色花瓣边缘带有玫红色镶边，复杂的色彩是其魅力之一。花朵会散发出怡人的水果香，花期早且花量多，能长成茁壮的半扩张性植株。

株高约120厘米 · 花朵直径约8厘米

萨斯塔戈伯爵夫人

半剑瓣酒盏型  四 

这一品种的花瓣表面为玫红色、背面为黄色，是杂交茶香月季最早的复色品种。它是“纪念克劳狄斯 · 泊奈特”的“直系后代”，植株茁壮。

株高约130厘米 · 花朵直径约10厘米

俄克拉荷马

半剑瓣高芯型  四 

这一品种是花色中黑色较深的月季之一。虽然也有部分花朵呈紫红色，但其“威风凛凛”的花形与遗传自杂交亲本的怡人香气富有魅力。花量多且植株茁壮，是易栽培的品种。树形呈半直立性。

株高约120厘米 · 花朵直径约12厘米

山姆 · 麦格雷迪夫人

半剑瓣高芯型  四 

花色独特，在红色中晕染着茶色与橘色，具有早期杂交茶香月季的特征——枝条下垂，富有魅力。虽然植株称不上茁壮，但其略微透红的枝条与红铜色叶片独具特色。

株高约80厘米 · 花朵直径约9厘米

迪厄多内夫人

半剑瓣高芯型  四 

花瓣表面为绯红色，背面为黄色，色彩绚丽，十分美观。半剑瓣高芯型的花型十分雅致。植株呈半扩张性生长，长势旺盛，花量多。

株高约100厘米 · 花朵直径约10厘米

伏旧园城堡

半剑瓣酒盏型 四

据说这一品种是最早的黑红色杂交茶香月季，培育出许多其他月季品种。花量多，树势旺盛，散发出浓郁的大马士革玫瑰香。花色很美，是具有观赏价值的名花。

株高约120厘米 · 花朵直径约11厘米

龙泉

半剑瓣酒盏型 四

花形独特，花朵中心处呈旋涡状，稍有些歪斜，柔和的花色很受欢迎。树形呈半扩张性，树势旺盛，栽培需要很大空间。枝条发红，这是香水月季的遗传特征，有茶香。 株高约120厘米 · 花朵直径约11厘米

杰·乔伊

半剑瓣高芯型 四  

花朵巨大，花色雅致，在杏黄色中晕染着茶色。花瓣呈波浪状，富有魅力。香气浓郁，深绿色的革质叶片十分美观。树形呈半扩张性，枝条纤细，因此有时会因为花朵的重量而下垂。 株高约120厘米 · 花朵直径约12厘米

夏尔·索维奇夫人

半剑瓣酒盏型 四

花朵中心呈亮橘色，越靠近花瓣顶端，橘色越淡，十分美丽。数朵花成簇开放，能长成半扩张性且端正的植株，因此很适合盆栽。需要注意预防白粉病。

株高约100厘米 · 花朵直径约10厘米

辛西娅·布鲁克

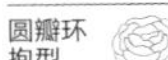  

圆瓣环抱型 四

花色独特，在橘色中晕染着些许红褐色，随着花朵的开放逐渐变浅，深绿色叶片将花色映衬得更为醒目。树形呈半扩张性，株型矮小，在黄色系月季中算耐寒性较强的品种。

株高约100厘米 · 花朵直径约10厘米

安德烈的交易

杯型  四 

这一品种的特征是橘色中晕染着杏黄色的花色，以及有着杂交茶香月季中罕见的杯型花型。茶香怡人。

株高约80厘米 · 花朵直径约10厘米

奥克利·费舍尔夫人

单瓣型 四

花色为浅杏黄色，透着些许琥珀色。单瓣花朵，单花开放，花量很多。树形呈半扩张性，纤细的红色枝条十分高雅。作为最早的单瓣型现代月季来说很珍贵。 株高约100厘米 · 花朵直径约8厘米

钻石禧年

半剑瓣高芯型 四

花色为浅杏黄色，花朵硕大，花量多，既有单花，也有数朵成簇开放的花。花朵有香气，树势旺盛，耐寒性也较强。红色的新芽是其特征之一。

株高约120厘米 · 花朵直径约12厘米

格里比

半剑瓣高芯型 四

花色独特，在黄色中晕染着些许红褐色。花瓣顶端颜色稍浅，给人一种高雅的印象。花朵大小中等、成簇开放，花量很多。树形端正，呈半直立性，能茁壮生长。 株高约130厘米 · 花朵直径约9厘米

丁香时代

半剑瓣高芯型 四

这一品种是早期的紫色系月季之一。花色柔和，透出些许米色。树形呈扩张性，在紫色系月季中十分罕见。树势旺盛，植株一旦长成，能开出大量花朵，美不胜收。花朵的水果香浓郁。

株高约100厘米 · 花朵直径约10厘米

纯银

圆瓣平展型 四

这一品种是知名的蓝色月季。澄净的紫色花色与波浪状花瓣即使与现代月季相比也毫不逊色，但树势不太旺盛。植株的分枝多且花量大，也可以用作香气怡人的切花。

株高约120厘米 · 花朵直径约9厘米

紫罗兰夫人

剑瓣高芯型 四

高雅的淡紫色花色与端庄的剑瓣高芯型花型是其魅力所在。花量多，既有单花，也有数朵成簇开放的花。虽然花朵开放时间持久，但有时花瓣会被雨淋伤。可用作切花。

株高约150厘米 · 花朵直径约9厘米

X夫人

半剑瓣高芯型 四

花色为浅紫色，花瓣顶端的颜色会随温度的变化而变化。剑瓣分明，不易变形，花朵硕大而端庄。花苞也大而饱满，十分美观。植株茁壮，呈大丛状。

株高约180厘米 · 花朵直径约11厘米

新浪潮

圆瓣平展型 四

花色为浅紫色，花瓣呈明显的波浪状，十分美观。花朵成簇开放，虽然花量多，但开放时间并不持久。枝条稀疏且长势缓慢，但植株的攀缘性较强。

株高约150厘米 · 花朵直径约10厘米

灰珍珠

四分莲座型 四

花如其名，发灰的淡紫色花色在该月季品种问世时成为人们热烈讨论的话题。别称“灰鼠”。枝条纤细，花量多，为之后紫色系月季品种的培育做出了很大贡献。

株高约100厘米 · 花朵直径约8厘米

幸运女神

半剑瓣高芯型 四

这一品种以香气浓郁而闻名，花型端庄、美丽。粉色花瓣的顶部颜色更深。枝条稀疏，但在纤细而密集的分枝上也会开花，枝条几乎无刺。

株高约120厘米 · 花朵直径约11厘米

蓝丝带

圆瓣酒盏型 四

花色为淡紫色，花瓣顶部呈波浪状，香气怡人，花朵成簇开放。只有在气温低时花朵的颜色才会明显，不过植株整体洋溢着柔美的风情，可栽培在花坛里。

株高约150厘米 · 花朵直径约9厘米

夏尔·戴高乐

半剑瓣高芯型 四 

花色为深紫色，花形端庄，香气浓郁，富有魅力。花量多。树形呈半扩张性，虽然株型矮小且长势缓慢，但也能长成高 1 米左右的茁壮植株。

株高约80厘米 · 花朵直径约10厘米

藤本杂交茶香月季

藤本赫伯特·史蒂芬夫人

半剑瓣重瓣型   一

纯白色花朵透出高贵的气质，既有单花，也有数朵成簇开放的花。花期早，花量多。基本上是一季开花，但秋季有时也会反季开花。需要注意预防白粉病。可攀缘约400厘米·花朵直径约8.5厘米

朱勒·格拉沃罗夫人

莲座杯型  多 

花色很美，在米黄色中晕染着些许粉色。花瓣层层叠叠，花朵硕大而华丽，富有魅力。从夏季开始反复开花至秋季。枝条十分坚硬。牵引需要耐性。

可攀缘约300厘米·花朵直径约9厘米

第戎的荣耀

半剑瓣环抱型 反

米色的花色给人以成熟的感觉，会随着气温升高而变粉。反季开花频繁，枝条也很柔韧。栽培在寒冷地区时树势不太旺盛。花朵很美，但要注意预防各种病害。别称“千里香”。

可攀缘约400厘米·花朵直径约8厘米

马雷夏尔·尼尔

半剑瓣酒盏型  反

花朵大小中等，花色为淡黄色中晕染着红褐色，花茎纤细，花朵开放时会低垂。别称“大山吹”，外瓣的剑瓣看起来很别致，有怡人的茶香。鲜绿色的枝叶十分美观。

可攀缘约400厘米·花朵直径约7.5厘米

藤本希灵顿夫人

半剑瓣酒盏型  反

花色呈类似枇杷的黄色，春季花色浅，秋季花色深。许多香气怡人的花开放时低垂，反季开花频繁，红色的枝条与新芽也十分美观。须避免强剪。须注意预防白粉病。

可攀缘约400厘米·花朵直径约8厘米

纪念莱奥妮·威尔诺夫人

杯型  一

花朵中心呈黄色，花瓣带有粉色镶边。斑斓的色彩与杯型花型富有魅力。花期早，有茶香，可以将其种植在窗边或花廊边。

可攀缘约400厘米·花朵直径约8厘米

索伯依

莲座型  多

花朵硕大，花型呈莲座型，花色为白色，花朵的中心部分呈黄色。数朵大花在枝条顶端成簇开放，十分美观。开放时间持久，多次开花。植株茁壮，长势旺盛。可攀缘约400厘米·花朵直径约8.5厘米

幸运双黄

半重瓣型 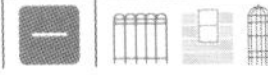 一

黄色的半重瓣花朵晕染着红褐色，花瓣顶部呈粉色。由于其分枝多、有刺，所以在牵引时需要耐性。修剪时须避免过度短截，适当疏枝即可。

可攀缘约500厘米·花朵直径约5厘米

有魅力的园林工具

真木文绘

我曾经游历了园艺大国英国，拜访、观赏了许多庭院。

在一座观光巴士络绎不绝的知名庭院内，有许多园艺师在麻利地工作。我一直目不转睛地盯着他们的动作，想着能学到哪怕一点园艺工作的皮毛也好，就在这时，我突然对园艺师们手中所拿的工具产生了兴趣。在掘起一大丛香草时，他们使用的不是铁锹而是大铁叉。将大铁叉“嚓”的一下插入植株根部所在的土壤中，就能将它轻松地挖掘出来。在松土、混合堆肥时使用的也是铁叉。

铁锨

他们所使用的铁锹的形状也和我们使用的不一样。我们平时使用的铁锹是剑尖状的，而他们使用的铁锹顶端是平的。实际上这一工具的准确名称是“铁锨”而不是“铁锹”。由于其顶端没有什么弧度，所以能直直地插入土壤进行挖掘。铁锨顶端与土壤的接触面积大，因此能铲起大量的土，是进行翻土作业的理想工具。虽然铁叉、铁锨都是很重的工具，但也正因为如此，它们的顶端才能轻松地没入土壤，进而顺畅地进行挖掘。

而当我在月季爱好者的私人庭院内看到花洒时也很惊讶。花洒长长的壶颈十分优美，整体具有平衡感。庭院的主人这样

真木文绘，绘本作家、撰稿人。现在正以“在身边的庭院、菜园中邂逅幸福”为主题发表文章。著作众多，除书籍外还有绘本《壶与蚯蚓》《更美味的蔬菜、更想了解的蔬菜》等。

解释：“这是浇月季花用的花洒。离植株远一点也能浇水，还不用担心会被刺扎到。”之后我查阅了一些资料，发现这种花洒是 19 世纪后期就开始被人们使用的复古型花洒。当时，英国的贵族们曾在温室中栽培珍贵的植物，据说他们所使用的花洒全部都是这种形状的。私人庭院中的花洒会被涂上漂亮的油漆，与月季盛开的景致相呼应，将庭院衬托得更加优雅。

花洒

我在英国庭院中看到的园艺工具基本上是普通人使用的，一眼便可看出它们都是主人的宝贝，都被精心保养着。铁锨与铁叉的木质把手被打磨得闪闪发亮，铁制铲面也光可鉴人。花洒顶端的喷头被清理得干干净净，无论何时都能喷洒出像蚕丝一般柔和的水流。英国园艺家的品格是无论在何种情况下都选择优质的园艺材料，并且慢慢地用心打造庭院，这一点无论是在植株的栽培上，还是在园艺工具的选择上都体现得淋漓尽致。虽然要花费功夫才能打造出庭院的韵味与风情，但正因为这个过程也是一种享受，所以它才成为园艺家独享的“特权”。我从英国园艺家身上明白了这个道理。

河合伸志的育种故事

在艺术性与科学性之间取得平衡

以"选美"为目的而培育的月季

"百合与绣球等园艺品种几乎全都保留着野生种的明显基因特征，而月季则不同，几乎没有什么植物像月季一样，园艺品种与野生种的差异如此大。"河合伸志这样说道。他还说："月季的园艺品种被赋予了野生种所不具备的特征——蓝色系花色、四季开花性、花朵硕大，作为'百花女王'历尽锤炼。现在，我们身边的大多数月季都是七八个品种杂交后的'后代'。"

如果是切花用品种，在培育时就有以下要求：花朵的吸水性与持久性自然不必说，除此以外，还要满足植株少刺、花瓣结实等条件，以便在运输过程中不受损。如果是园艺用品种，因为用途不同，在培育时所追求的目标也不同，一般追求多花性等。

河合先生对日本的传统色彩及审美观十分重视，培育出"禅月季"系列品种。它们有一种"怀旧之感"，同时又很洋气，与日式庭院分外协调，营造出独特的氛围，在日本园艺爱好者中很受欢迎。

"虽然这些月季在日本受欢迎，但如果它们不是全世界公认的优良品种，那就还是知名度不高。日本在月季的育种方面追求精致的美感，在这方面造诣很高，但是植株的抗病性及长势却容易被忽视。日本是月季品种较多的国家，因此我担心，园艺爱好者在实际生活中将'禅月季'系

杂交母本花朵的雄蕊要全部去除。河合先生使用剪刀而不是镊子来剪掉雄蕊，然后使留下的雌蕊粘上父本花朵的花粉

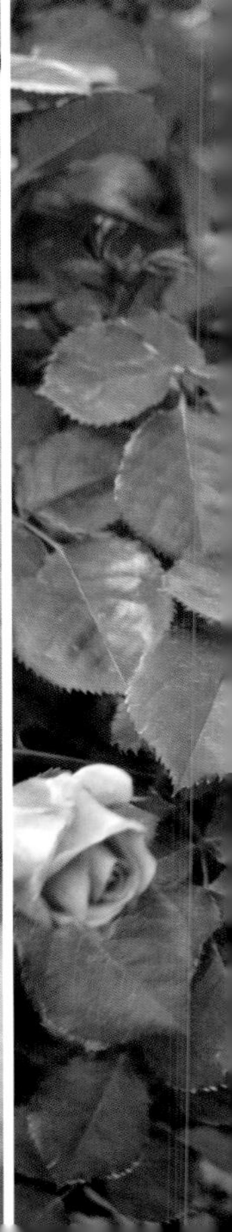

列种植在庭院里时，一旦因为该系列月季的缺点而对日本培育的月季品种感到失望，日本月季的市场就会缩小。”

在保留植物特征与追求美感之间诞生的月季新品种

近年来，河合先生也在“横滨英式庭院”等处进行造园，他对所有品种（包括自己所培育出的品种在内）的耐暑性与抗病性等的要求都十分严格，有时甚至会淘汰不好养的品种。

“通常，在降雨少的法国培育出的品种易被雨淋伤，而在气候温和湿润的英国培育出的品种虽然很怕热，但其抗病性的平均值很高。人们对花朵的审美评价各不相同，不可能有让每个人都喜爱的品种，不过我还是想尽心培育，起码不想让人觉得月季很难栽培。”

春天杂交过的月季在秋天会结果，从果实中取出种子播下，培育幼苗直至开花，少说也需要 1 年。接下来还要将缓苗后的苗木进行嫁接，然后再确认众多的样本，这些作业都需要耐性。河合先生说：“既有和预想完全一致的结果，也有完全没预料到的结果，这就是育种的乐趣。”

“对于育种家来说，最重要的能力就是有眼光，并且要能洞察‘看不见的颜色’，如花色中是否含有黄色基因，以及要熟知关于遗传等领域的植物学原理，这些也很重要。科学可以保留植物的特征，拥有艺术眼光可以孕育出花朵的美感，育种是介于这两者之间的工作。我总是在脑海中描绘着尚未存在于这个世界的花朵，如比‘诺瓦利斯’的抗病性更强的蓝色月季，等等。”

河合先生的育种故事还未结束。

比杂交这件事更重要的是在杂交之后要观察、记录培育状况。在检测植株抗病性的大赛中，从报名参加比赛到出结果要花费 3 年时间

河合伸志，在千叶大学研究生院园艺学研究科修完了全部课程。后来在种苗公司从事矮牵牛及月季等花的育种工作。他所栽培的月季在“岐阜国际月季大赛”等赛事中屡次获奖。他独立创业后一边作为月季育种家工作，一边在各地的月季园中进行种植设计与管理等工作。

河合伸志培育的月季品种

在培育具有日本特色的月季品种这一基础上，以培育出除了前文提到的特征，还兼具园艺实用性的品种为目标进行育种。

暮色天鹅绒

花色为带有光泽的紫红色，散发出浓郁的大马士革玫瑰香与茶香。花期早且开放时间持久，花瓣不易受损。植株呈半直立性、矮小。栽培时最好施足肥料。

株高约100厘米 · 花朵直径约8厘米

沙罗曼蛇

花色绚丽且不易变浅。数朵花成簇开放。四季开花性，花量多且开放时间持久。树势旺盛，抗病性强，枝条纤细，适用多种牵引方式。

可攀缘约250厘米 · 花朵直径约6厘米

若紫

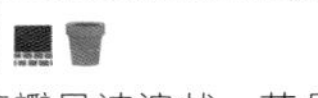

深紫色的花瓣呈波浪状，花朵成簇开放。花期早，花量多，散发出浓郁的水果香。植株呈半直立性，盆栽也能长得很端正。以《源氏物语》中一个女性人物的名字命名。

株高约120厘米 · 花朵直径约8厘米

真夜

发黑的紫红色花色颇有韵味。花朵会散发出浓郁的大马士革玫瑰香。花量多且开放时间持久，花期早。枝条少刺，带有一定弧度。植株大丛，稍作牵引便很美观。花名的灵感来自其花色。

株高约120厘米 · 花朵直径约7厘米

咖啡伦巴

它是“咖啡”的枝变异品种。浅棕色花色富有韵味，散发出怡人的茶香。数朵花成簇开放，花量多。树形呈扩张性，栽培时最好施足肥料。

株高约80厘米 · 花朵直径约8厘米

空蝉

茶色花朵散发出浓郁的香气，在茶香中略带一些辛辣。花量较多，花期早。枝条纤细、柔韧，株型矮小，呈半直立性。栽培时最好施足肥料。以《源氏物语》中出现的人物名命名。

株高约70厘米 · 花朵直径约7厘米

精灵之翼

小白花成簇开放，盛开时覆满整棵植株。不断开花。枝条纤细，树形呈直立性，株型矮小。树势旺盛。品种名的灵感来源于其小巧的白色花瓣。

株高约50厘米 · 花朵直径约3厘米

玉蔓

它是“珠玉”的枝变异品种。花型呈杯型，粉花成簇开放。花量多且开放时间持久。枝条纤细、柔韧，易牵引。树势旺盛，对黑星病的抵抗力很强。

可攀缘约300厘米 · 花朵直径约3.5厘米

丰花月季

丰花月季

新手也能养好的月季

这一品种属于现代月季的一个分支，是由四季开花的杂交茶香月季与多花蔷薇（花朵娇小、成簇开放的品种）等杂交而培育出的品种。

这一品种中大部分植株的花朵都是在枝条顶端成簇开放的，因此被命名为“Floribunda（花束）”。

据说最早的丰花月季品种是 1924 年由丹麦的鲍尔森培育出的“埃尔泽·鲍尔森”。其后，德国的科德斯培育出“匹诺曹”，它的花量很多，株型也很优美，人们将它视为确立了丰花月季典型特征的品种，即具有四季开花性、花朵大小中等。虽然丰花月季中的许多品种茁壮、易栽培，但香气浓郁的品种似乎比较少。

丰花月季花期长，有许多茁壮的品种，在温暖地区从 5 月开始开花，一直开放至霜降时节。即使在阳台等处进行盆栽也能养活，开花时分外美丽。这一品种被称为“爆花月季”，有很多种被用作切花。

浪漫宝贝

品种：丰花月季
产地：法国
株高：约 100 厘米
花朵直径：约 5 厘米

有着亮橘色的杯状花朵，中心呈莲座型。株型饱满，因此很适合盆栽。

勤摘花蒂

花量越多，越要勤摘花蒂。如果让已经凋谢的花朵残留下来，不仅观赏起来不美观，还会耽误下次开花。此外，为了确保植株枝条茂密，冬季修剪时轻剪即可。

丰花月季

丁香魔力

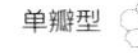单瓣型 

浅紫色花瓣与黄色花蕊交相辉映。花朵次第成簇开放，花量多。树形呈半扩张性，许多小枝密集地生长在一起。须注意预防白粉病。

株高约90厘米·花朵直径约8厘米

嬉戏

圆瓣平展型 

深粉色圆瓣平展型花朵成簇开放，覆满整棵植株。秋季花色会变深，更加美观。树形呈半扩张性，株型整齐且茂盛，十分美观。花朵会散发出若有若无的香气。

株高约80厘米·花朵直径约7厘米

英国淑女

圆瓣平展型 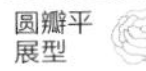

花色为淡粉色，花型为圆瓣平展型，十分美丽。数朵花成簇开放，有淡淡的香气。树形呈半扩张性，株型十分端正。叶片茂密，很适合盆栽。

株高约80厘米·花朵直径约5厘米

贝蒂·普赖尔

单瓣型 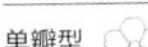

深粉色的单瓣花朵成簇开放，花量很多。花色随着花朵的开放逐渐变浅。树形呈半直立性，植株大丛，所以最好种植在花坛后方。

株高约130厘米·花朵直径约7厘米

恶作剧

半重瓣型 

粉色的半重瓣花朵成簇开放，花量很多。虽然开放时间不算持久，但属于四季开花性月季，树形呈半直立性且树势旺盛。易栽培，耐寒性强。

株高约120厘米·花朵直径约7厘米

埃尔夫

半重瓣平展型 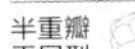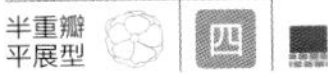

白色大花的花瓣顶部晕染着粉色，秋季开花时尤为美丽。植株较高，枝条坚韧。正因如此，这一品种一直受到人们的青睐。植株茁壮，易栽培，耐寒性也很强。

株高约120厘米·花朵直径约5厘米

洋红

莲座型 

深紫红色的花朵随着开放逐渐染上灰色，会散发浓香。树形呈半扩张性，能长成小灌木。在盆栽时可适度短截，以保持植株的平衡。

株高约120厘米·花朵直径约6.5厘米

草莓雪糕

圆瓣杯型 

白色花瓣边缘带有明显的粉色镶边，十分美观。花朵成簇开放，花量多，开放时间持久。有时新梢会长得很长，可以当作藤本月季进行牵引。

株高80~250厘米·花朵直径约7.5厘米

奥德港

圆瓣环抱型  四

花色为深紫红色，稍有些暗沉，花瓣层层叠叠，花型古典。树形呈半直立性，株型矮小而端正。植株上开满饱满的圆形花朵，十分美观。株高约80厘米·花朵直径约9厘米

丰盛的恩典

剑瓣高芯型  四 

花朵色调柔和。杏黄色中晕染着淡粉色，再配上简洁的花形，富有魅力。花朵成簇开放，花量多。树形呈半直立性，植株茁壮，叶片为鲜绿色。株高约100厘米·花朵直径约7.5厘米

雷根斯堡

平展型  四

花瓣表面为深粉色、背面为白色，在凉爽的气候条件下会带有白色镶边和条纹。虽然开放时间不持久，但花量多。树形呈扩张性，株型矮小。抗病性强。株高约60厘米·花朵直径约7厘米

永恒之波

平展型  四 

花如其名，深玫红色半重瓣花朵的波浪状花瓣令人印象深刻。花量多，开放时间持久。树形偏直立性，株型较高，枝条发红。植株对白粉病的抵抗力很弱，须注意预防。株高约150厘米·花朵直径约7厘米

粉红新娘

半剑瓣高芯型  四 

淡粉色花瓣有光泽，花型为半剑瓣高芯型，花朵成簇开放。树形呈半扩张性，株型、叶片颜色都很美，花茎长势旺盛。这一品种十分茁壮，常被用作切花。株高约80厘米·花朵直径约7.5厘米

国际先驱论坛报

半重瓣平展型  四 

半重瓣花朵呈深紫红色，花瓣根部为白色，与黄色花蕊相互映衬，十分美观。花朵次第开放。树形呈半直立性，属于较矮小的月季品种之一，少刺，易打理。株高约50厘米·花朵直径约3厘米

天籁

重瓣平展型  四

白色花瓣上有清晰的粉色镶边。约5朵花成簇开放，植株上下开满小花，十分惹人喜爱。这一品种适合在花坛里栽培，但因其吸水性强，所以也可以用作切花。株高约70厘米·花朵直径约5厘米

夏之雪

圆瓣半重瓣型 四

这一品种较为罕见，是由藤本月季衍变成的四季开花性品种。数朵花成簇开放，不断开花。枝条纤细、无刺，株型端正。虽然植株很茁壮，但须注意预防白粉病。株高约60厘米·花朵直径约6厘米

冰山

半重瓣平展型 四

这一品种是丰花月季中具有代表性的名花。纯白色的花朵成簇开放，十分美丽。春秋季节花量很多，植株大丛而美观。叶片有光泽，植株长成后不施农药也可以。株高约130厘米·花朵直径约7厘米

向亚琛致意

莲座型 四

花色为乳白色，花朵中心晕染着杏黄色，莲座型花型令人联想起芍药。严格来说，它更接近杂交茶香月季，华美的花形富有魅力。花朵有茶香，株型端庄、美观。

株高约100厘米·花朵直径约8厘米

白光

半剑瓣高芯型 四

这一品种的父本与母本均为白色月季中的名花，有波浪状的花瓣。数朵花成簇开放，花量多，优美的花型与芳香的气味也富有魅力。树形呈半直立性，很适合盆栽。

株高约80厘米·花朵直径约8厘米

雪绒花

杯型 四

花朵大小中等，花色为淡淡的乳白色，花型端庄，十分美丽。花朵开放时间持久，会一直开放至初冬。株型矮小，因此适合种植在花坛里或进行盆栽。株高约60厘米·花朵直径约8厘米

白美人

圆瓣杯型 多

白色的圆瓣杯型花朵十分惹人喜爱，到了秋季会晕染上淡粉色，更添几分美感。多次开花且花朵开放时间持久。株型端正，耐寒性也很强。

株高约80厘米·花朵直径约5厘米

玛格丽特·梅里尔

杯型 四

白色花朵的中心晕染着象牙色，十分美丽，虽然花量不算太多，但拥有怡人的大马士革玫瑰香。树势旺盛，株型较大。由于其对黑星病的抵抗力很弱，所以要定期喷洒农药。

株高约150厘米·花朵直径约8.5厘米

霍斯特曼的罗森·雷利

半重瓣型 四

花瓣层层叠叠，顶部呈波浪状，花型美观。树形呈半扩张性，植株茁壮且株型较大。小灌木性植株，大量开花，具有观赏价值。

株高约100厘米·花朵直径约7.5厘米

银河

单瓣型  四

艳丽的黄色单瓣花朵随着开放逐渐褪色、发白。树形扩张性很强，枝条垂下，花朵如同在夜空中闪耀的星星一般。这一品种作为单瓣的黄色系月季十分稀有。

株高约50厘米·花朵直径约8厘米

香槟鸡尾酒

半重瓣型 四

淡黄色花色仿佛流动的香槟，在淡黄色中晕染着粉色。花朵的色调会根据季节不同而变化。植株茁壮，树势旺盛。鲜绿色光叶也令人印象深刻。株高约100厘米·花朵直径约8厘米

莉莉·玛莲

半重瓣平展型 四

艳丽的红色半重瓣花朵花瓣不多，与黄色花蕊相映成趣，秋季花色会变深。树形呈半直立性，植株较矮，但茁壮，并且株型较大。

株高约90厘米·花朵直径约7.5厘米

亚瑟·贝尔

半重瓣型  四

黄色大花朵带有透明感，成簇开放，根据气候条件，有时还会晕染上玫红色。株型偏直立性，较为端正。

株高约80厘米·花朵直径约6厘米

金兔子

圆瓣杯型  四

鲜艳的黄色旋涡状花瓣十分美观，边缘呈波浪状。花朵开放时间持久，不易褪色。树形呈半扩张性，新梢少，但老枝上会经常开花。株高约80厘米·花朵直径约8厘米

月亮精灵

莲座型  四

乳白色的莲座型花朵中心呈淡黄色。在凉爽的气候条件下，花瓣边缘会变为粉色。花朵开放时间持久，春秋季节都会开许多花。作为丰花月季品种，其稀有的颜色及花型很受人们欢迎。株高约90厘米·花朵直径约7厘米

纸月亮

半重瓣平展型  四

澄净的蓝紫色花色与波浪状花瓣十分美观。半重瓣花朵成簇开放，花量多，开放时间持久。树形呈半扩张性，植株茁壮。花朵与深绿色叶片相互映衬。

株高约80厘米·花朵直径约6厘米

艾丽斯·克洛夫人

圆瓣杯型  

浅杏黄色的花色与圆瓣杯型花型十分优雅。花量不算太多，但开放时间持久。树形呈半直立性，株型端正。瓣质佳、耐雨淋，但须注意预防霜霉病。

株高约80厘米·花朵直径约6.5厘米

仙容

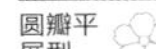 圆瓣平展型  四 

深紫色的花瓣呈大波浪状。花香浓郁，花朵硕大，花量不太多，但会次第开花。枝条少刺，呈半扩张性生长，能长成大丛灌木。

株高约80厘米·花朵直径约9厘米

杏黄甜

圆瓣杯型 

花色为杏黄色，花型十分端庄，在丰花月季中算是花朵较大的品种。花朵散发出甜美的茶香，开放时间持久，因此很适合用作切花。植株较高，枝条向四周散开。

株高约150厘米·花朵直径约9厘米

甜月亮

半剑瓣高芯型 

花色为淡紫色，花朵开放时间持久，花量多，散发出蓝色系月季的芳香。花朵成簇开放，春季开花尤多。树形呈半直立性，长势旺盛。花茎很长，也很适合用作切花。

株高约100厘米·花朵直径约6.5厘米

纪念安妮·弗兰克

半重瓣型 

橘黄色花朵随着开放逐渐晕染上红色，十分美观。植株茁壮，有大刺，但须注意预防白粉病。花名蕴含着祈愿和平之意。

株高约80厘米·花朵直径约7厘米

多花蔷薇与微型月季

多花蔷薇

1875 年，法国通过杂交东方的野蔷薇与庚申月季的品种(迷你庚申月季)培育出多花蔷薇。这一品种花朵娇小、成簇开放且四季开花。由于其花量很多，所以被命名为“多花蔷薇”。

多花蔷薇的花色与花型不算丰富，因此，在近代曾经有一段时间没有受到人们瞩目，但是现在，人们越来越看重其作为花坛栽培品种的特性。其树形呈灌木性，大部分都是植株高1 米以下的小型月季，也有少数品种呈现出藤蔓性。

多花蔷薇后来被用于与杂交茶香月季杂交，培育出了杂交多花蔷薇，这种蔷薇与丰花月季密切相关。

多花蔷薇中也有耐寒的品种，在寒冷地区也能茁壮生长，因此，多花蔷薇在欧洲北部地区是很受欢迎的品种。

橘色母亲节

品种：多花蔷薇
产地：荷兰
株高：约 60 厘米
花朵直径：约 3.5 厘米

这一品种很受欢迎，橘色的花色十分美观。遇低温时，花瓣的颜色会变深。别称“父亲节”。

在樱草中也有多花品种

在与樱草同属的报春花中也有以“多花报春”命名的品种群。枝条顶端会开满绚丽多彩的小花，为春天的“园艺舞台”增添一抹亮色。

多花蔷薇

玛戈的妹妹

圆瓣杯型  

它是“玛戈·科斯特”的枝变异品种，柔和的粉色花色惹人怜爱。圆瓣杯型花朵呈“爆发式”开花，花量多且不断反复开放至初冬。新手也能养活。 株高约60厘米·花朵直径约4厘米

珊瑚群

半重瓣平展型  

橘粉色小花朵的花色随着开放逐渐变淡。花朵成簇开放，花期长。这一品种属于大型多花蔷薇，抗病性强且茁壮，易栽培。很适合盆栽。

株高约80厘米·花朵直径约3厘米

昨日

半重瓣平展型  

晕染着粉色的花朵成簇开放，春季以后也时常会开花。枝条呈弓状生长，因此最好当作藤本月季来打理。亦可用作杂交亲本。

可攀缘约300厘米·花朵直径约3厘米

珍珠金

剑瓣高芯型  

橘色剑瓣高芯型花朵的花瓣在盛开时像菊花一样翻卷。树形呈半直立性，花梗长，散发出甜美的香气。这一品种的杂交亲本之一是香水月季，受其影响较大。 株高约80厘米·花朵直径约4厘米

塞西尔·布伦纳

剑瓣高芯型  

淡粉色花色中晕染着些许杏黄色，因为有着香水月季的优美花形而富有魅力。枝条散开，花茎长而柔韧，因此花量显得较为稀疏。是植株茁壮且易栽培的品种。 株高约70厘米·花朵直径约3厘米

仙子

圆瓣平展型 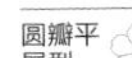

粉色花朵在枝条顶端成簇开放。开放时间持久，时常反季开花。枝条柔韧，呈弓形。是植株茁壮且易栽培的品种。

株高约60厘米·花朵直径约3.5厘米

喜悦

半重瓣型 

这一品种是为了将野蔷薇改良为四季开花性蔷薇而培育出来的。淡粉色花朵成簇开放。开花后花色会变浅，颜色变化很美，开放时间持久。树形呈半扩张性且繁茂，植株茁壮，长势旺盛。 株高约80厘米·花朵直径约4厘米

奥尔良玫瑰

半重瓣型 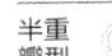 

粉色花朵晕染着深玫红色，呈圆锥状成簇开放。花量多，植株茁壮。这一品种不仅是丰花月季的亲本，还有好几个枝变异品种。

株高约80厘米·花朵直径约2.5厘米

贝蒂宝贝

圆瓣杯型 

淡黄色小花朵带有粉色镶边，开满整棵植株。黄色与粉色夹杂的花苞也很美。树形呈半直立性，与微型月季很相似，在多花蔷薇中算是小型品种。树势旺盛。

株高约40厘米·花朵直径约3.5厘米

伊冯娜·拉比耶

杯型  四

圆形花苞慢慢绽放，会开成雅致的白花。花朵与光叶相互映衬，十分美观。花朵成簇开放，散发出甜美的香气。树形呈半直立性，植株少刺，适合盆栽。对黑星病的抵抗力很强。

株高80~200厘米 · 花朵直径约3.5厘米

法瑞克斯宝贝

绒球型   四

紫色小花透着蓝色，成簇开放，色彩独特而美丽，与黄色花蕊交相辉映。株型在多花蔷薇中算是小型的品种。植株上下覆满花朵，适合种植在花坛的前方。

株高约30厘米 · 花朵直径约2厘米

世间荣耀

重瓣型   四

鲜艳的朱红色重瓣小花成簇开放。树形呈半扩张性，植株的抗病性、耐寒性俱佳，植株很大。种植在花坛中十分显眼。

株高约80厘米 · 花朵直径约2.5厘米

玛丽·帕维

圆瓣平展型   四

花朵初绽时呈淡粉色，随着花朵的开放，花色逐渐变白。花朵较大，成簇开放，枝条微微垂下的样子十分美观。植株少刺，红色新芽与茂密的叶片十分美观。植株茁壮，易栽培。

株高约70厘米 · 花朵直径约5厘米

白雪公主

杯型   四

这一品种与“母亲节”一脉相承，花色为清秀的纯白色。圆润的杯型花朵呈“爆发式”开花。易发生枝变异，有时也会开粉色与橘色花朵。

株高约60厘米 · 花朵直径约3.5厘米

不列颠

单瓣型   四

深玫红色单瓣花的花瓣根部为白色。花朵在多花蔷薇中算是比较大的，植株较大丛，树形偏直立性且端正。这一品种抗病性、耐寒性俱佳，易栽培。

株高约90厘米 · 花朵直径约6厘米

白色宠儿

绒球型  四

在盛开期的白色绒球型花朵成簇开放，与花苞相互映衬，十分美观。娇小的纽扣心也很有魅力。树形呈扩张性，不容易保持平衡。这一品种的耐暑性、抗病性俱佳，易栽培。

株高约60厘米 · 花朵直径约3厘米

蒙哈维尔的安妮·玛丽

绒球型   四

20~30朵花型呈绒球型的白花成簇开放，呈“爆发式”开花，开放时间持久，不断反复开放。树形呈半直立性，分枝频繁，植株茁壮。须注意预防白粉病。

株高约60厘米 · 花朵直径约2厘米

母亲节

杯型  四

深玫红色花朵的花型呈圆润的杯型。花量多且开放时间持久。枝变异现象频发，植株的抗病性、耐寒性俱佳。株型端正，很适合盆栽。

株高约60厘米 · 花朵直径约3厘米

微型月季

花色与香气非常丰富的品种

微型月季是由香水月季的小型品种——迷你庚申月季培育出的品种群。花色与花型很丰富，既有直立性品种，也有扩张性品种，最近还有浓香型品种问世。

如果你的庭院种不了大丛月季，可以在花盆中栽培微型月季来观赏。

如果选择盆栽，可以不必顾虑雨水的问题，但仍然同其他月季品种一样需要注意病虫害的管理。微型月季的植株十分娇小，一旦染上病虫害，就会迅速扩散。这一点请务必注意。

微型月季亦可混栽

娇小且易打理的微型月季也适合混栽。由于是密植，所以要勤摘花蒂，并种植在通风处。

幸福的小径

品种：微型月季
产地：美国
株高：30~40 厘米
花朵直径：约 3 厘米

花色为鲜艳的粉色，花量多，枝条匍匐生长。可以使其枝条从吊盆中垂下，这样看起来十分华美。

像飞流直下的瀑布一般盛开：藤蔓性微型月季的垂枝月季树状砧木

图片提供 / 日本月季协会

你听说过藤蔓性微型月季的垂枝月季树状砧木吗？每年 5 月，在日本埼玉县所泽市的“西武巨蛋（现名西武王子巨蛋）”体育场都会召开“国际玫瑰与园艺展”，而垂枝月季树状砧木的展示作品总会吸引参观者的目光。从约 2 米高处垂下许多藤蔓性微型月季，花朵仿佛瀑布般倾泻而下，被人们称为“华丽的花朵瀑布”。“国际玫瑰与园艺展”始办于 1999 年，当时远道而来的育种家与园艺家们第一次看到垂枝月季树状砧木时，无不为之惊叹。

当时的展出者是日本月季协会的石井强先生（现已故）。海外的树状砧木一般都是用中、大花月季牵引而成的。而在日本，石井先生却是用微型月季打造垂枝月季树状砧木的名人。这种牵引方式是从菊花的悬崖式造型等传统牵引方式演变而来的。其具体的方法是：将野蔷薇作为砧木栽培，然后在其高约 1.5 米处嫁接上微型蔷薇。石井先生将砧木主干培育得很粗壮，并在其分枝上进行嫁接，据说最多时曾嫁接过 7 个芽。嫁接用的藤蔓性微型月季最好选择有许多纤细、柔软的枝条，且开大量小花的品种，如“安云野”“希望”“梦乙女”及石井先生培育出的“丝绸之路”，等等。此外，在牵引时要使月季的枝条下垂，并利用若干个铁圈，使其长成圆柱状。这项作业很考验耐性，据说一株月季每年需要重复进行 3 000 处以上的牵引。正因为石井先生对月季的热爱，才使日本诞生了令世界惊叹的“花朵瀑布”。

微型月季

德累斯顿娃娃

杯型   

这一品种的微型月季继承了苔蔷薇的血统。花朵偏大，花色为略微发黄的粉色，随着开放，花型由环抱型逐渐变为杯型，展示黄色的花蕊。植株较大丛，可以种植在花坛里。

株高约50厘米 · 花朵直径约3厘米

小小

绒球型 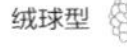 

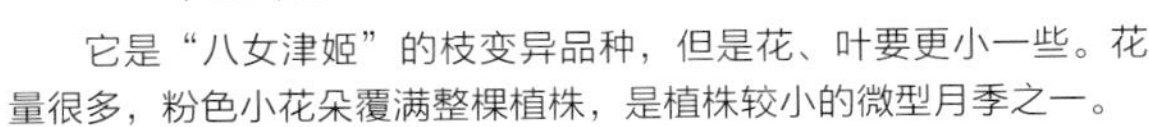

它是"八女津姬"的枝变异品种，但是花、叶要更小一些。花量很多，粉色小花朵覆满整棵植株，是植株较小的微型月季之一。

株高约15厘米 · 花朵直径约3厘米

贝茜 · 麦考尔宝贝

半重瓣型   

半重瓣型花朵中心晕染着淡粉色。树形有些偏扩张性，十分繁茂，如果精心培育，作为微型月季，植株也能长得较大丛。花量多也是其优点之一。深绿色的叶片十分美观。

株高约30厘米 · 花朵直径约3厘米

迷迭香

绒球型 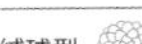  

这一品种是德国的科德斯培育出的古典名花。粉色花瓣上晕染着深粉色，高雅的株型富有魅力。叶质稍薄，更衬托出花朵的美丽。

株高约30厘米 · 花朵直径约3厘米

天使甜心

半重瓣型 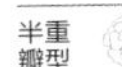 

波浪状花瓣随风飘动，素净的紫色富有魅力，与黄色花蕊相互映衬，十分美观。花朵偏大，成簇开放，枝条呈扩张性生长。

株高约30厘米 · 花朵直径约3.5厘米

红雀

桔梗型 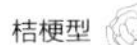  

粉色的花色略带些古雅的韵味，这一品种的月季如同天空中飞过的鸟群一般。频繁地反季开花，能够观赏很长时间。即使盆栽，株型也能长得很端正，耐寒性较强。

株高约30厘米 · 花朵直径约2.5厘米

玛丽莲

莲座型 

这一品种是由西班牙育种家道特培育出来的古典月季。粉色渐变色十分美观，越靠近花朵的中心颜色越深。花量多，覆满整棵小灌木。

株高约20厘米 · 花朵直径约2.5厘米

魔法旋转木马

圆瓣高芯型  四

白色花瓣上带有艳丽的深玫红色镶边，花型为圆瓣高芯型。花形端庄，枝条几乎无刺，很适合用作切花。花量多，开放时间持久，植株茁壮，但须注意预防黑星病。

株高约50厘米 · 花朵直径约3厘米

星条旗

半重瓣型   四

这一品种是小型藤蔓性微型月季，其最大的特征就是白色花瓣上带有玫红色的条纹。花朵紧贴枝条开放，令人过目不忘。

株高约50厘米 · 花朵直径约3厘米

甜蜜马车

莲座型   四

深桃红色的莲座型花朵略微透着紫色，会根据季节不同而变换花色。随着花朵的开放，花色逐渐变浅。花朵成簇开放，开放时间持久，因此最好尽早摘除花蒂，这样能够促进下次开花。

株高约30厘米 · 花朵直径约2.5厘米

玩具小丑

半重瓣型   四

花瓣上的粉色镶边十分显眼，花瓣层数少。株型偏直立性且端正，适合在花坛里栽培或作为盆栽。花朵与深绿色叶片十分协调。

株高约30厘米 · 花朵直径约3.5厘米

妖精

圆瓣平展型  四

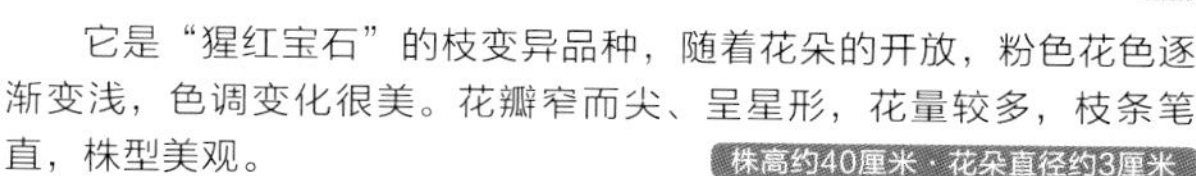

它是“猩红宝石”的枝变异品种，随着花朵的开放，粉色花色逐渐变浅，色调变化很美。花瓣窄而尖、呈星形，花量较多，枝条笔直，株型美观。

株高约40厘米 · 花朵直径约3厘米

七子蔷薇

单瓣型  四

这一品种的栽培历史可以追溯至日本的江户时代。白色花瓣中晕染着粉色，像樱花般美丽的花朵富有魅力，开放时覆满整棵植株，十分美观。花朵与光叶看起来十分协调，枝繁叶茂。

株高约40厘米 · 花朵直径约2.5厘米

时之惠

重瓣型 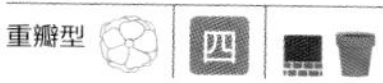 四

这一品种是在姬野玫瑰园中培育出来的。艳丽的紫红色重瓣花朵一到秋天就变得十分美丽。枝条略微下垂，虽然柔韧，但看起来很结实。适合栽培在花坛中。

株高约30厘米 · 花朵直径约3厘米

绿冰

莲座型 四

随着花朵的开放，花色由白转绿，颜色越来越深。一般5~10朵花成簇开放，枝条匍匐生长，很适合用来覆盖地面，亦适合盆栽。植株的抗病性很强，是生命力强的品种。

株高约60厘米・花朵直径约3厘米

白色的梦

圆瓣平展型 四

在微型月季中算是比较繁茂的品种，花朵很美，雅致的白花与深绿色叶片看起来十分协调。与其他花草也很相称，种植在花坛中或作为盆栽亦很好养活。也能制作成切花。

株高约40厘米・花朵直径约4厘米

绿钻

剑瓣酒盏型 四

这一品种的花型令人联想到钻石。花色为白色，略带些淡粉色，随着花朵的开放，逐渐变为绿色。花朵成簇开放，花量多，很适合盆栽。

株高约30厘米・花朵直径约2厘米

硕苞蔷薇

单瓣型 四

这一品种属于大型微型月季，会开出素净的白色单瓣花朵。植株的抗病性、耐寒性俱佳，不断频繁开花。适合在花坛中栽培。在秋季开花后保留花蒂，能结出大量果实。

株高约80厘米・花朵直径约3厘米

雪姬

半重瓣型 四

有着半重瓣型花型的花朵十分娇小，花色为雅致的白色。花量多，盛开时花朵如同枝头的积雪一般。树势不太旺盛。作为小型的微型月季，它是既美丽又珍贵的品种。

株高约20厘米・花朵直径约2厘米

白八女津姬

半重瓣平展型  

人们一般认为它是“八女津姬”的枝变异品种。它是娇小的微型月季，花朵盛开时，花量甚至会多到连叶子都看不见的程度。

株高约20厘米・花朵直径约2厘米

飞越彩虹

剑瓣高芯型 四

这一品种所开的花是复色花，花瓣表面为深红色，背面为黄色，在微型月季中十分罕见。花量虽然不多，但花型十分美观，花茎也很长，因此可以用作切花。树形呈半扩张性且枝叶繁茂。

株高约40厘米·花朵直径约3.5厘米

微型明星

剑瓣高芯型 四

花色为朱红色，花型为剑瓣高芯型，十分端庄。株型端正，花与叶看起来十分和谐。据说这一品种是最早的剑瓣高芯型微型月季，一直为人们所喜爱。

株高约30厘米·花朵直径约3厘米

草莓蛋糕卷

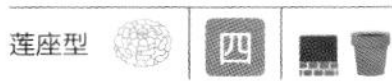

莲座型 四

白色花瓣上有清晰的红色扎染状条纹，花色具有特色。这一品种的微型月季具有苔蔷薇的特征——枝条纤细且下垂，十分罕见。栽培时可以利用这一特征进行混栽或种在吊盆里。

株高约30厘米·花朵直径约3厘米

小小艺术家

半重瓣型 四

艳丽的红色花瓣根部为白色，与黄色花蕊交相辉映。虽然根据光照条件不同，花色有时会变浅，但花量多，会在呈半扩张性的植株上下开满花朵，十分壮观。

株高约40厘米·花朵直径约3.5厘米

凯西·罗宾逊

剑瓣高芯型 四

这一品种的微型月季为复色花，花瓣表面为深粉色，背面为乳白色，花形端庄。树形呈直立性。花茎长，适合用作切花。现在属于稀有的月季品种。

株高约60厘米·花朵直径约3厘米

红姬

剑瓣高芯型 四

虽然这一品种的起源不详，但它遗传了庚申月季的许多特征。纤细的枝条散开，花朵像铃铛一样挂在枝条上，十分惹人喜爱。与其说它是微型月季，倒不如说它更像迷你中国月季。

株高约40厘米·花朵直径约3厘米

猩红

平展型 四

这一品种是微型月季的名花，鲜艳的红色花色与平展型花型十分美丽。鲜艳的花色引人瞩目。树形呈半直立性，端庄而美观，与其他品种搭配种植也很协调。

株高约30厘米·花朵直径约3厘米

紫罗兰娃娃

莲座型 四

这一品种是为了制作切花而培育的。花朵开放时间持久，花形端庄，富有魅力。植株繁茂。花朵会散发出水果香，枝条少刺。

株高约40厘米 · 花朵直径约3厘米

迷你灯

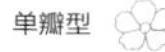

单瓣型 四

黄色的单瓣花朵在微型月季中十分少见。端庄的花形与明亮的花色富有魅力，花期较早。这一品种呈半扩张性树形，植株多刺，打理起来稍有些困难，但具有其他品种所没有的特点，因此很受欢迎。

株高约40厘米 · 花朵直径约3厘米

冉冉升起

剑瓣高芯型 四

这一品种是具有代表性的黄色微型月季。雅致、清爽的黄色花色与端庄的花形富有魅力。半光叶将花朵衬托得更加美丽。树形呈半直立性，株型美观且植株繁茂，很适合用作切花。

株高约40厘米 · 花朵直径约3厘米

蜂鸟

重瓣平展型 四

花色为橘色，花瓣顶部晕染着红色，既温和又绚丽。花朵开放时间持久。如果想营造出雍容华贵的氛围，推荐种植这一品种。树形呈半直立性，株型端正，花朵与深绿色叶片看起来十分协调。

株高约40厘米 · 花朵直径约2厘米

淡紫色花边

半剑瓣高芯型 四

这一品种是早期培育出的紫色系微型月季。尖尖的花瓣层层叠叠，花朵有微香。在繁茂的枝叶中，高雅的粉色花朵格外引人注目。

株高约30厘米 · 花朵直径约3厘米

宝贝化装舞会

半剑瓣高芯型 四

这一品种十分有名，淡黄色花瓣上晕染着粉色，缤纷的色彩富有魅力。花量多，盛开时整棵植株都被花朵覆盖。植株茁壮，易栽培，但须注意预防白粉病。

株高约40厘米 · 花朵直径约3.5厘米

金币

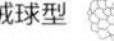

绒球型 四

花色为明亮的金黄色，花型为绒球型，花形令人联想起蒲公英。植株属于小型灌木，开花时枝条微微垂下。如果花园中需要些色彩变化，那种植这一品种就很合适。

株高约30厘米 · 花朵直径约3厘米

藤本微型月季

粉色雾霭

单瓣型 反

花色为绚丽的粉色，花瓣根部为白色，花型为单瓣型，花量多，开放时间持久。虽然植株反季开花较少，但是树势旺盛且抗病性较强，因此很好栽培。与“希望”等品种种植在一起会更为美观。

可攀缘约200厘米 · 花朵直径约2.5厘米

白色雾霭

单瓣型 反

素净的白色单瓣花开满整棵植株。植株反季开花较少，比“粉色雾霭”更高大。树势旺盛，耐寒性强。可以使其从石墙上垂下，十分美观。

可攀缘约200厘米 · 花朵直径约2.5厘米

宇部小町

杯型 反

淡粉色花朵成簇开放。花量很多，可用花篱等进行牵引，美不胜收。植株在种植后第二年开始迅速生长，能长到高约 6 米。

可攀缘约600厘米 · 花朵直径约2.5厘米

希望

单瓣型 反

澄净的淡粉色花朵像樱花一般高雅，十分美丽。枝条匍匐生长，因此很适合用来覆盖地面。与日式庭院很协调，十分雅致。若保留花蒂，很容易结出果实。

可攀缘约200厘米 · 花朵直径约2.5厘米

红色瀑布

杯型 多

深红色花朵十分端庄，成簇开放。由于其花色深，有时会被晒焦。花朵会反复开放，且开放时间持久。枝条纤细、柔韧，适合做成低矮的花篱或用来覆盖地面。

可攀缘约350厘米 · 花朵直径约2.5厘米

安云野

单瓣型 一

鲜艳的玫红色小花成簇开放。花量很多，盛开时十分壮观。树势旺盛，植株攀缘性强，抗病性亦很强，能够克服恶劣的条件存活下来。

可攀缘约300厘米 · 花朵直径约2.5厘米

雪毯

重瓣型 反

它是十分适合用来覆盖地面的品种。花色为白色，花型为重瓣型，花朵娇小，花量多。秋季叶片变红。植株反季开花较少，但在微型月季中算是抗病性较好的品种，耐寒性亦很强。

可攀缘约250厘米 · 花朵直径约3厘米

无农药有机栽培的玫瑰造园与管理

园艺家宇田川佳子

在平房的北侧设有宽 30 厘米的花坛。有已经种植了 3 年的玫瑰“卡里埃夫人”与“维多利亚女王”，以及耐阴植物玉簪与珊瑚铃等

“玫瑰的魅力在于，只要挑选早开的木香蔷薇与即使在冬季也会开放的四季开花性微型月季等品种搭配在一起种植，几乎整年都能观赏到美丽的花朵。玫瑰是一年到头都与庭院息息相关的植物。虽然打理起来要费一些功夫，但它们非常令人陶醉。”

说出这段话的宇田川佳子女士是一名园艺家，她以位于东京郊区的私人住宅为主进行玫瑰的造园与管理。“玫瑰的缺点就是有刺，还容易受病虫害的侵袭”。不过，她正在推广通过无农药有机栽培进行低成本管理。

“人们认为玫瑰对病虫害的抵抗力普遍较弱，在栽培时喷洒农药是理所应当的事。这样一来，人们使用的农药药效越来越显著，有宠物和孩子的家庭便对玫瑰敬而远之。若不使用农药，玫瑰植株确实会感染病虫害，在近些年酷热的夏季还会落叶，但一到秋季就会长出新芽并开花。虽然花量不多，但我觉得供家里人观赏足够了。”

“虽然很难在一整年中都保持美丽的姿态，但玫瑰基本上是一种茁壮、易栽培的植物。”我们能感觉到宇田川女士对玫瑰所寄予的信赖。她在一整年中都会对庭院中的玫瑰做些什么呢？接下来为你介绍。

玫瑰的种植环境与场所

土壤是玫瑰生长的“精力”之源

“如果你想很省力地将玫瑰养得很茁壮，配土是十分重要的。”宇田川女士这样说道。请想象“落叶堆积的森林中的土壤”。微生物使落叶分解，使土壤拥有松软的团粒结构，玫瑰的根系就容易从土壤中吸收氧气、水分和养分，植株得到了生长的力量，就能茁壮生长。“如果土壤中富含多种微生物，就使特定的病原菌难以增多，因此能够预防玫瑰染病。”

使用堆肥配土

如果想使土壤中的微生物增多，就要将腐殖土与牛粪堆肥、马粪堆肥充分混合在土壤中。在栽植与移植时也要将它们混入土壤中。如果是过于狭窄、无法翻土的场所，则可将堆肥覆盖在玫瑰根部，这样做就会产生不错的效果。“这样配土的目的是使土壤形成团粒结构，使土壤的排水性、保水性、保肥性达到平衡。只要连续 3 年这样做，就能提高土壤的保水性，使其不易干燥，这样一来，就能减少浇水次数。如果土壤松软，那么即使长出杂草也容易拔除，这也算是低成本管理的一环，可谓‘一石二鸟’。”

团粒化的土壤很松软，保持着虽然紧捏一下会成团，但很快又会散开的形态

右上方是发酵肥，下方是马粪堆肥，左上方是牛粪堆肥

用花盆栽培 1~2 年

根据玫瑰所属品种的不同，栽培方法与植株的大小也多种多样，因此，玫瑰与种植场所的契合度至关重要。“即使是大苗，在出售时也大都将植株强剪至一半的程度，因此，在购买苗木后，最好先将其在花盆中栽培 1~2 年，尤其是藤蔓性与半蔓性的品种。等到完全掌握了它原本的发梢规律与枝条长度后再移植到土地中，这是我比较推荐的方法。”如果是新梢长势特别迅猛的品种，若没有让它顺其自然地长大，花量就可能会减少。即使栽培场所很狭窄，也可以尽量选择墙面或大型花门等能够进行牵引的场所来牵引。

在半背阴处也能生长的品种

即使处于住宅北面，日出或日落前后也能晒到太阳，并且在夏季的正午前后也有光照，这样的场所就叫作“半背阴处”；每天有 3~4 个小时能见到阳光或总是处于树荫下，虽然阳光直射的情形不多，但周围十分开阔的场所则叫作“明亮背阴处”。在玫瑰中也有一部分品种能够在这样的环境中存活，因此可以灵活利用这一特性。“即使不能种四季开花的品种，也可以考虑一季开花的品种。‘卡里埃夫人’与‘白色梅蒂兰’‘保罗的喜马拉雅麝香漫步者’‘科妮莉亚’等都是耐阴性较强的品种。”

灌木性月季品种“柔情”的盆栽。一整年都不修剪枝条，使植株茁壮生长，还要掌握新梢的生长规律等

按照顺时针顺序，从右上方开始出现的玫瑰品种依次为：耐阴性强的保罗的喜马拉雅麝香漫步者、维多利亚女王、希灵顿夫人、科妮莉亚

如何处理病虫害

发生原因

病虫害大多是由气温变化、湿度变化、通风等气候与环境原因造成的。“例如，离墙壁近的花坛中的土壤会被混凝土等吸走水分，易干燥；很难淋到雨的屋檐下等处容易干燥，易生叶蜱。如果是气候干燥再加上通风不佳，还会生出介壳虫。玫瑰的种植者不能控制剧烈的气温变化与长期下雨等危害，但可以应对庭院中一些微小的环境变化。此外，如果施氮肥过多，土壤中过剩的氮素也容易导致病虫害的发生，这一点请务必谨记。”

观察

“平时，我会一边浇水、摘除花蒂，一边观察玫瑰，这样做的话，一旦玫瑰发生异常，就能立刻注意到。”宇田川女士这样说道。这样做能够发现叶片上是否有虫子蚕食过的洞，或在叶片背面发现虫粪。“尽早发现病虫害并适时做出处理能阻止危害继续扩大，因此要仔细观察玫瑰。速效肥料会增加植株的花量，在这样的植株上发生虫害时我会想，虫子们把超过根系承受能力的、多余的花苞吃掉了，这简直就是在给植株‘减负’呢！虽然给植株施肥会招来虫子，但虫子也为我们带来了一些信息。”

用辣椒、大蒜、鱼腥草等制作的自然保护液

自然保护液

● 使用方法

如果是大蒜汁、鱼腥草汁，可加入约 100 倍的水进行稀释；如果是辣椒汁，则要加入约 500 倍的水进行稀释，然后用喷雾器等喷洒。也可以搭配使用采用了 100~500 倍的水稀释过的木醋液。

● 材料

大蒜、鱼腥草、辣椒、白酒（酒精浓度在 25% 以上的甲类烧酒等）或木醋液。

● 制作方法

①将大蒜去皮；将鱼腥草洗净，沥干；将辣椒洗净。

②将步骤①中的材料分别装入密封容器，装满容器的 1/3 即可，然后注入约 2 倍量的白酒。

③ 放在常温、背阴处保存 3 个月后即可取出使用。

规避风险

“如果果断地将染上黑星病的叶子从叶柄处剪除，那病害就不会蔓延，接下来还会长出新芽。更进一步说，光叶本身就对病害有较强的抵抗力，因此，只要选择光叶品种就能减少植株染病的风险。此外，水循环良好的植株不易长蚜虫，因此，比起施肥和消毒，好好浇水更重要。”除此之外，玫瑰也可以与薰衣草等植物一起栽培，种下后的 1~2 年内不要修剪枝条，使植株长得结实，这样玫瑰才能茁壮生长，蓄积“体力”，使病虫害无法近身。

农药的选择

如果你想使玫瑰维持茁壮的生长状态，开更多的花，可以选择使用农药。农药分为预防农药与治疗农药 2 种，所以如果决定使用农药，最好从预防农药开始。根据病害与虫害的种类不同，农药制品也有许多种，其中有供家庭使用的喷雾式农药。如果你想选择无农药栽培方式，那就要挑选抗病性强的品种来种植。

有着天然来源的材料

木醋液与大蒜素液体剂等自然保护液是有着天然来源的材料，可以代替农药来防治病虫害。“虽然自然保护液不具备农药的速效性，但它不会使病虫害产生抗药性，还具有能够自然分解、不残留的优点。只要连续使用 3 年左右，就能有效改善植物的生长环境。”可以从每年 3 月上旬的惊蛰前后一直喷洒至 10 月，开始时每 1~2 周喷洒 1 次，之后可以减至每月 1 次。通过与市面上出售的木醋液搭配使用，能够更好地被玫瑰吸收。

成簇开放的雪雁，在摘除花蒂时要整簇摘除

玫瑰的日常打理

浇水

一般来说，地栽与盆栽不同。植株扎根后，只要土壤不干透就不需要浇水。不过，由于玫瑰喜水，即使是栽种在庭院中，也应该每周浇1次水，尤其是每年3月下旬至开花期间。浇水能促进枝叶生长，叶子的颜色也会变得更为美观。被房子和道路等围绕的小庭院及很难淋到雨的墙壁与围墙边容易干燥，因此可适当增加浇水次数。植物是在上午吸收水分，进行光合作用的，所以上午浇水比较有效。

摘除花蒂

玫瑰花枯萎后花色会变浅，花蕊也会变成茶色，这时就应该摘除花蒂了。这既是在对凋谢的花儿说“谢谢”，同时也是使剩下的花朵看起来更显美观的不可或缺的工作。一定要注意，如果种植的是具有四季开花性与反季开花性的品种，摘除花蒂的工作稍慢一点就会耽误下次开花；如果是容易结果的品种，不摘除花蒂，养分就会被果实抢走，很难开第二次花。花朵成簇开放的品种只摘除花蒂即可，而单花品种则要连最靠近花朵的5片叶子也一并摘除。

开花后的修剪和预备牵引

生长状况良好的植株在开花后，要根据其花枝长短进行修剪，短的剪去1/2，长的剪去1/3。“幼株与长势弱的植株只要摘除花蒂，就能长出茂密的叶子。”灌木性品种的新枝顶端一旦长出花苞，就要将其掐掉（掐顶），新枝顶端十分柔软，用手指就能掰折。如果是藤蔓性与半蔓性的新枝，

宇田川女士的作业工具（夏季版）。从右至左依次为：放在剪刀包里的花艺剪刀、皮手套与修枝剪刀、采山野菜用的双刃刀、麻绳、盘式蚊香

由于其来年还要开花，因此要对其进行预备牵引，以免阻碍其开花。

栽植和移植

“到卖场挑选玫瑰时肯定光顾着看花朵的品相了，所以我建议，将玫瑰苗买回家后一定要先用花盆养 1 个月到 2 年，确认株型后再移植到合适的场所。”栽植要选择植株在休眠期的当年 12 月到次年 2 月。植株在开花前根就已经开始生长了，所以这个时期不适合进行移植。盆栽也尽可能在每年的同一时期移植一次。“将植株根上的土抖落，再用新土移植，这样有助于长出新根，植株也更能茁壮生长。”

施肥

“在栽植与移植盆栽时，我从不施底肥。我想尽可能少用肥料，而且由于吸收养分的是植株根系的上部，所以我认为在适当的时期将肥料埋在植株根系附近的地表效果更好。”适当的时期是指从当年的 12 月到次年 1 月的玫瑰休眠期，植株长出花芽的3月末，也可以是8月末，作为开花后的礼肥给四季开花性品种施肥。宇田川女士用的是发酵肥，它是用油渣和骨粉等有机物发酵制成的，然后混入同等分量的堆肥与腐殖土，充分拌匀。

修剪和牵引的乐趣

夏季修剪

在日本关东以西的温暖地区，四季开花性的灌木性品种能茁壮生长。如果想让玫瑰秋天时能在植株上恰到好处的位置开花，就必须进行夏季修剪。“由于这一时期天气会逐渐转凉，所以从修剪至开花需要花费至少 2 个月的时间。如果想使其在 10 月中旬开花，就要在 8 月下旬进行修剪。这样做可以使株型端正。只要一想到秋天齐放的玫瑰花，我就觉得在酷暑中作业也乐趣十足。”因夏天的酷热而变得衰弱的植株及藤蔓性与半蔓性的品种不宜进行修剪。

冬季修剪

玫瑰在冬天落叶并休眠。在此期间，要将植株上残余的叶片全部剪除，并进行强剪和牵引。“冬季修剪作业关系到来年开花时植株呈何种树形。如果是灌木性品种，在修剪时就要想象其开花的高度；如果是藤蔓性品种，就要在其开花的场所及支撑物上进行牵引。开过 2~3 年花的枝条会变得越来越难开花，所以要将枝条从靠近根部的位置截断，使植株长出新枝。长势旺盛的新枝上能开出许多花，因此要一边想象开花的位置，一边进行牵引。”

宇田川佳子，曾在园艺商店等处工作，于 2001 年成为独立园艺家。以私人住宅的造园与管理为主业，并为园艺杂志提供混栽及植栽创意等。合著有《装饰家的小小庭前花园》等。

玫瑰园艺用语解说

B

- **半蔓性**
  指攀缘程度比灌木性品种强，但不如藤蔓性品种的蔷薇品种。栽培时需要修剪及牵引。
- **瓣质**
  即花瓣的质地。
- **“爆发式”开花**
  指在成簇开放的花中，顶蕾与大量侧蕾生长至几乎同一高度并一齐开放的开花形式。

C

- **侧蕾**
  指除了位于植株最高处的顶蕾的外侧花蕾。如果在侧蕾没有长大时就将其摘除，顶蕾能发育得更好，开出漂亮的花朵。
- **侧枝**
  枝条半截处长出的粗壮新梢。
- **抽梢**
  新梢的生长状况。
- **垂枝月季树状砧木**
  使藤本月季及半蔓性月季枝条下垂的树状砧木。（参考 160 页）

D

- **打顶**
  即用手掐除新梢的顶部。是“掐顶”与“短截”的总称。掐顶可以使植株分枝后多开花，短截则通过剪枝促进植株开花，使老化的植株再生。
- **大苗**
  指将嫁接后的花苗种在土地里，栽培至下一年秋天的苗木。从当年的秋末至来年的初春上市销售。
- **倒盆**
  指当植株的根长满整个花盆时，就换一个尺寸大一些的花盆将它栽入。
- **底肥**
  在月季栽培中指栽苗时埋入坑底的肥料，或指在冬夏两季（四季开花性品种）、冬季（一季开花性品种）埋入植株周围土壤中的肥料。它是植株生长过程中不可缺少的养料，要使用缓慢发挥作用的迟效肥料或缓效肥料。根据植株的生长情况，一般每年施 2 次底肥。
- **冬季底肥**
  给植株在冬季休眠期施的肥料。肥料会在土壤中慢慢分解，至 5~6 月的盛花期发挥效力。这是一次很重要的施肥，它将成为植株一整年的生长营养源。
- **短枝**
  指较短的枝条。
- **多次开花**
  指在不规律的反季开花中，开花次数尤为多的特性。植株在秋季也能开很多次花。

F

- **反季开花**
  指植株在春季开过一次花以后，还会不规律地再次开花的特性。与有规律地开花的四季开花性有所不同。
- **腐花**
  刚开始绽放的花苞由于淋雨等原因，不再继续开放而腐烂的现象。多见于花瓣薄、花期长、花瓣数量多的品种。
- **复色**
  花色为两种或两种以上颜色。

G

- **革质**
  表皮厚，看起来像是牛皮一样的叶子。
- **根出条**
  从在土里生长到一定程度的根上抽出的新梢。亦指从嫁接月季的砧木部分长出的新梢。
- **钩刺**
  像钩子一样顶端向下弯的刺，很容易勾住东西。
- **灌木性**
  虽然是草本植物，但看起来像木本植物的性质。指基因不同的亲本杂交培育出的品种。既有人工培育的，也有自然生长的。
- **光叶**
  表面像打了蜡一样有光泽的叶子。

H

- **花枝**
  指开有花的枝条。

J

- **基出枝**
  从植株根部长出的茁壮新梢。枝条会在当年的秋季及来年的春季开花，最终生长成主枝。
- **剪花**
  指剪除开败的花朵。如果放

任不管，易导致植株衰老及病害，使得植株结果后不易再次开花。

- 焦叶

叶子边缘及叶尖、叶脉等处产生变色现象。一般在以下两种情况下会出现：突然将植株从背阴处移至向阳处，或光照过于强烈。

- 接口

砧木（野蔷薇等）与接穗贴合的部分。

- 接穗

在特征明显的野生蔷薇（野蔷薇等）的砧木上，嫁接想栽培的品种的芽或穗木，使其繁殖的方法。

- 茎

花草的茎，别称花茎、花枝，指有花的枝条。

K

- 扩张性

在灌木性月季中，相对来说是枝条斜着向上生长的树形。灌木性月季的树形一般分为扩张性、直立性，以及位于两者之间的半扩张性、半直立性。

L

- 蓝化

随着花朵的开放，红色系花瓣渐渐转为蓝色系。这是由花瓣细胞 pH 值的变化和花瓣吸附的金属元素引起的。

- 蓝玫瑰

通常指蓝色系的月季品种。蓝玫瑰的花瓣并不是蓝色的，而是类似丁香花的淡紫色，或比薰衣草的紫色更偏蓝一些的颜色。

- 礼肥

指四季开花性蔷薇开败后进行的追肥。

- 绿心

退化的花蕊像小叶片一样紧密地聚集在一起，形成绿色的小突起。在花型呈莲座型的古典玫瑰等花蕊中可见。

M

- 满根

指根长满了花盆，植株难以吸收养分的状态。

- 蔓性蔷薇

藤本月季中枝条尤为柔韧、攀缘性强的品种。植株的分枝数量多。

- 盲枝

即使生长到一定程度也不开花的枝条。

- 盲枝新梢

指不开花的新梢。本身花量就少的品种和刚长出来的、耐寒性差的花芽枯死时就会发生这种情况。

- 玫瑰果

玫瑰的果实。即蔷薇的果实，最初是指犬蔷薇的果实，现在用来指代所有蔷薇的果实。

N

- 纽扣心

花朵中心的小花瓣向内侧卷曲，包裹住花蕊，看起来就好像是圆纽扣一样。

P

- 攀缘月季

指藤蔓性月季，也即藤本月季。需要人工牵引，无法像牵牛花一样自动将枝条缠绕在其他植物上。

Q

- 牵引

将藤蔓及枝条固定在花篱或花门等处做出一些造型。

S

- 晒伤

因光照过强，花色变为褐色或黑色。多见于黑色系月季。

- 实生苗

指由种子萌发而长成的苗木，亦指其发育后长成的植物。

- 树势

即苗木的长势。“树势好”表示苗木长势旺盛。

- 树形

指植株形态。根据枝条的生长方式，树形大致分为以下 3 种：灌木性（灌木型）、半蔓性（小灌木型）、藤蔓性（攀缘型）。

- 树状砧木

在一棵长得很高的砧木上进行嫁接的嫁接方式。

- 四季开花

一年中有规律地多次开花的特性。不仅春、夏、秋季，有些地区甚至在初冬也会开花。

T

- 藤蔓性
  枝条长长后无法自立，需要人工牵引的蔷薇品种。
- 天然树形
  没有经过人工牵引和修剪的天然生长的树形。

X

- 夏季底肥
  在夏季对植株进行修剪时施的肥料。对促进植株在秋季开花非常有效。
- 腺毛
  植物表皮上分泌黏液的毛状凸起，多见于苔蔷薇。
- 镶边
  指在花瓣边缘出现其他颜色镶边的蔷薇品种。
- 新苗
  指在生长的第一年夏季进行嫁接，第二年春季开始出售的苗木。
- 新梢
  从植株根部抽出、生长未满 1 年的粗壮新枝。
- 修剪
  指修剪多余枝条的作业。这样做不仅可修整植株的外形，还能通过分开纠缠在一起的枝条，改善光照及通风条件，促进植株茁壮生长。

Y

- 叶腋
  指叶的基柄与茎相接处的内侧。
- 一季开花
  一年只开花一次的特性。蔷薇一般是在春季开花，多见于古典玫瑰和藤本月季。
- 育种
  通过将特征不同的品种进行杂交、授粉、基因重组而培育出新的品种。

Z

- 杂交种
  将不同品种的蔷薇进行交配培育出的品种。
- 自立性
  即使不用支柱等进行牵引也能直立的蔷薇品种。
- 造景用蔷薇
  抗病性强，无须悉心打理也能茁壮生长的蔷薇品种，在公园等处用来造园。
- 砧木
  指在嫁接时承受接穗的植株。在日本一般使用野蔷薇作为砧木。
- 砧芽
  从砧木（野蔷薇等）上长出的芽。由于它会夺取植株的养分，所以要将它剪除。
- 枝变异
  由于突然变异，植株的一部分或整体发生变化，且生长特性及花色等与原本的品种不同。这种现象既有自然发生的，也有人为使之发生的。多为灌木性蔷薇长出藤蔓性蔷薇的枝条，或花色产生变化。
- 直立性
  在灌木性月季中，相对来说为枝条直立向上生长的树形。灌木性月季的树形可分为扩张性、直立性，以及位于两者之间的半直立性。
- 枝条丛生
  指从一棵植株的根部长出若干根枝条。
- 枝条更新
  指枝条进行更新换代，这时易长基出枝。一般见于枝条寿命较短的品种。
- 植物攀爬架
  指用来给藤蔓性蔷薇进行人工牵引的架子，一般为格子状，木制或金属制。

索引

Y

Z

含章
新实用